ÉTUDES MÉDICALES

SUR LES

EAUX THERMALES PURGATIVES

DE BRIDES-LES-BAINS

Près Moûtiers (Savoie).

SUIVIES

DE CONSIDÉRATIONS SUR LES EAUX MINÉRALES DE SALINS
ET LES EAUX-MÈRES DES SALINES DE MOUTIERS
COMBINÉES AVEC
LES EAUX DE BRIDES-LES-BAINS

PAR LE DOCTEUR LAISSUS, FILS

EX-INTERNE DES HOPITAUX DE TURIN, MÉDECIN DES ÉPIDÉMIES
Membre correspondant de la Société médicale de Chambéry, de la Société impériale
de médecine de Lyon et de la Société d'hydrologie médicale de Paris.

MOUTIERS
IMPRIMERIE DE CHARLES DUCLOZ
1863

ÉTUDES MÉDICALES

SUR LES

EAUX THERMALES PURGATIVES

DE BRIDES-LES-BAINS

près Moûtiers (Savoie)

SUIVIES

DE CONSIDÉRATIONS SUR LES EAUX MINÉRALES DE SALINS
ET LES EAUX-MÈRES DES SALINES DE MOUTIERS
COMBINÉES AVEC
LES EAUX DE BRIDES-LES-BAINS

PAR LE DOCTEUR LAISSUS, FILS

EX-INTERNE DES HOPITAUX DE TURIN, MÉDECIN DES ÉPIDÉMIES
Membre correspondant de la Société médicale de Chambéry, de la Société impériale
de médecine de Lyon et de la Société d'hydrologie médicale de Paris.

MOUTIERS

IMPRIMERIE DE CHARLES DUCREY

1863

Tous les peuples ont cru aux vertus des Eaux minérales, comme le prouvent les pièces, les médailles et les inscriptions votives que le temps a fait découvrir ; de là vient que chaque pays cherche constamment à mettre en honneur les Eaux dont il est dépositaire.

IVe Aphorisme d'Alibert dans son Précis historique sur les Eaux minérales.

La Tarentaise renferme dans le sein de ses belles montagnes, des richesses hydro-minérales de la plus haute valeur thérapeutique.

Citer Brides-les-Bains, c'est signaler une source thermale dont la renommée appuyée sur des guérisons incontestables, grandit de jour en jour, et fait pâlir la réputation bruyante et douteuse que la réclame a donnée à certains établissements de même genre.

L'Académie impériale de Médecine de Paris, vient de consacrer l'importance et la valeur médicale de ces Eaux, par une analyse chimique et récente, faite dans son laboratoire, analyse qui démontre leur puissante minéralisation.

A 4 kilomètres de distance de Brides, sourdent les Eaux thermales de Salins, véritables Eaux de mer, d'une composition chimique également remarquable, et d'une grande efficacité dans certaines maladies. Ne semble-t-il pas que la nature ait placé à dessein ces deux sources minérales, si près l'une de l'autre pour se compléter et pour concourir plus sûrement à un but unique : la guérison ou au moins le soulagement de l'homme qui souffre ?

Outre cela, sans parler des Eaux sulfureuses de Bonneval, des Eaux acidules et ferrugineuses des glaciers près du col du Bonhomme, des Eaux salées du Roc d'Arbonne, et d'autres sources moins connues dont il ne s'agit pas ici, n'oublions pas un trésor *inédit* que nous avons à nos portes : je veux parler des *Eaux-mères* des Salines de la ville de Moûtiers ; Eaux-mères qui constituent un levier thérapeutique des plus énergiques dans une foule de maladies chroniques, réfractaires aux moyens ordinaires de l'art.

L'usage des Eaux-mères désignées sous le nom de *Mutter-Laüge* en Allemagne, où elles font la fortune de plusieurs établissements, est ignoré dans notre pays qui pourrait en tirer un parti immense ; il est peu connu en France ; aussi me parait-il opportun de faire connaître cette méthode, afin d'en généraliser l'emploi et d'affranchir notre nouvelle patrie, d'un tribut qu'elle va payer aux eaux minérales de Hombourg, de Kreutznach et de Nauheim.

A toutes ces richesses minérales, ajoutons l'influence bienfaisante du climat de nos montagnes ; la pureté incomparable de l'air, l'altitude au-dessus du niveau de la mer, et, par suite, la diminution de la pression atmosphérique et de la températures sont des éléments précieux de guérison qui sont fort apprécié, en Suisse, et qu'il ne faut pas négliger, car ils ont une grande importance pratique pour les maladies.

On voit ainsi que la Tarentaise, éminemment favorisée par la Providence, pour ses sources minérales, ne l'est pas moins sous le rapport de son climat, dont l'action tonique et vivifiante vient s'ajouter aux merveilleux effets des Eaux : tout concourt à faire de notre pays, une contrée privilégiée pour la guérison d'un grand nombre de maladies. Il est donc naturel d'étudier l'action combinée de ces divers éléments de santé générale, de formuler les indications de leur usage, afin d'en faire profiter le plus grand nombre, et d'attirer sur ce coin intéressant de la Savoie, l'attention publique et la bienveillance du Gouvernement : tel est le but des *Etudes médicales* que je publie aujourd'hui.

HISTORIQUE.

Nous allons tracer, en quelques mots, l'histoire de ces Eaux tour-à-tour données et ravies à l'humanité par des accidents de terrains. Une ancienne tradition qui s'est perpétuée d'âge en âge dans le pays, ainsi que la dénomination de *Hameau des Bains* que porte d'un temps immémorial le village actuel de Brides, sont déjà des indices de l'existence d'un ancien Etablissement, sans que l'on puisse, il est vrai, en préciser l'époque. Mais un ancien manuscrit latin trouvé dans les archives de la maison Villard-Reymond à Aime, et qui ne parait être lui-même qu'une copie écrite dans le 16me siècle, semble prouver l'antiquité romaine des Eaux thermales de Brides ; il ne reste plus maintenant que la traduction française de ce manuscrit (1), qui n'est autre chose qu'une longue lettre écrite de Tarentaise par un Proconsul romain, sous Septime-Sévère, à son ami qui réside à Rome.

(1) Ce manuscrit est la propriété des héritiers de M. l'avocat Raymond, ancien Juge à Aime. Si j'ai pu en avoir connaissance, c'est grâce à l'obligeance d'une personne respectable à laquelle il avait été communiqué, il y a quelques années. On en trouve d'ailleurs des fragments dans un Mémoire sur les Eaux de Salins, publié en 1840 par feu le Docteur Savoyen, et dans les Documents historiques de l'Intendant Orsi.

Ce proconsul était Gouverneur de Lyon, sous Septime-Sévère qui avait ordonné de cruelles persécutions contre les chrétiens ; mais ce gouverneur, dont le nom n'est pas connu, était lui-même chrétien ; ne voulant donc pas exécuter contre ses coreligionnaires de pareilles mesures, il se décida à quitter Lyon avec sa famille et 400 personnes pour se réfugier dans une contrée à l'abri de tout danger. Il partit de Lyon le 1er des Calendes de mars l'an 205 de l'ère chrétienne, et après 32 jours de marche, il arriva, dans la Centronie méridionale, à Bozel, localité qui avait été choisie, parce qu'elle n'était pas fréquentée par les troupes romaines qui occupaient la vallée d'Aime.

Voici un extrait de cette lettre, relatif aux Eaux de Brides : « L'année suivante (en 211), nous eûmes à pleurer « la mort de trois de nos amis, d'abord celle du vieux « Agatha, peu après celle de la veuve de Vitellius, enfin « celle de l'intéressante Julia. Celle-ci souffrait depuis « longtemps de cruelles douleurs, suites d'une fausse « couche. Sempronius, par le conseil des indigènes, « avait fait construire une maison commode près d'une « source chaude qui se trouve dans une petite plaine « traversée par le Doron, à deux milles en dessous de la « Colonie (Bozel) ; il y avait fait transporter son épouse « malade. L'usage de l'eau de cette source parut d'abord « calmer les douleurs de Julia, cependant elle y mourut, « en laissant Sempronius dans la désolation. »

Je trouve dans les documents historiques de l'Intendant Orsi, (*p.* 27), le texte latin du même passage : « Anno « seq : amicorum mortem, primùm senis Agathæ, paulò « post Vitellii viduæ, demùm egregiæ Juliæ lacrymis « prosecuti sumus. Hæc a longo tempore doloribus

« acerbissimis, post ubertum, cruciabatur. Suadentibus « indigenis, S. domum ad habitandum percommodam « propè scatebram surgentem in angusto agro pleno in « quo interfluit Doronus, duobus milliariis infrà Colo- « niam construxerat. Hùc Juliam œgrotam transtulerat, « cujus in principio morbum usus aquæ lenire visus est; « hìc tamen obiit, relicto S. dolore animi confecto. »

Ce fragment de lettre n'est pas sans importance pour établir l'ancienneté de nos Eaux (1), ancienneté qui, d'ailleurs est prouvée par une vieille brochure que j'ai entre les mains, et dont je dois la bienveillante communication au Docteur Rostaing, de St-Michel. Cette brochure intitulée : *Les Eaux du Bain, dédiées à Mgr l'Archevêque de Tarentaise,* par le *révérend Père Bernard, religieux de l'Observance de saint François, etc.*, a été imprimée à Villefranche, en 1685, par Antoine Martin. Avec permission, signé : Bottu de la Barmondière.

On lit, dans cette brochure dédiée à Mgr François-Amédée Millet de Challes, Archevêque de Tarentaise, des détails curieux et intéressants sur l'antiquité et les propriétés des Eaux de Brides. Ainsi après avoir dit, en commençant, que la nature n'ouvre ses trésors que dans

(1) On lit dans le compte rendu des délibérations du Conseil divisionnaire de Chambéry, session 1852, que le rapport du délégué (M. Avet), pour les Eaux de Brides, contenait aussi une excellente preuve de l'ancienne existence de ces bains ; c'est la découverte, en 1817, une année avant que la source fût de nouveau trouvée, et sur l'autre rive du torrent, d'une médaille en or pesant quelques milligrammes de plus qu'une pièce de 20 francs, plus épaisse et d'un diamètre inférieure : elle portait sur une de ses faces le buste de Faustine II, et sur l'autre, un Esculape assis et appuyé sur une urne, d'où s'écoulait une source. Cette médaille passée au cabinet de Paris et volée avec plusieurs autres, aurait été d'un grand prix pour l'histoire du pays. — On trouve les mêmes détails dans l'écrit de M. Orsi, ancien Intendant.

les endroits où ils sont nécessaires, le Père Bernard continue comme il suit :

« Cela se voit clairement dans les Eaux dont je fais la « peinture, car elles naissent à une lieue de la ville de « Moûtiers, capitale de Tarentaise, que les Romains ont « anciennement appellé la Province des Centrons, et « pour marque qu'elles ne sont pas nouvelles, et qu'elles « ont été autrefois en usage dans le même temps que les « Empereurs firent construire les bains d'Aix en Savoie, « c'est que le lieu de leur source a toujours porté le nom « de Bains. On y voit même encore l'endroit où les sei- « gneurs Archevêques faisaient leur séjour pendant les « plus beaux mois de l'année : mais comme les maisons « de campagne ne sont pas également agréables à tout « le monde, et qu'il arrive des révolutions qui font chan- « ger de face à toute chose, la peste s'étant rendue « universelle en 1570, et Mgr Joseph de Parpaille, « Archevêque de Tarentaise, étant mort de cette maladie « qui ravagea presque tous les états de Savoie, ces Eaux « perdirent leur vogue, et leur vertu resta presque inutile.

On y lit ensuite que, en 1653, après de nombreuses pluies qui grossirent le Doron, ces Eaux disparurent pendant quelque temps pour reprendre bientôt leur ancienne célébrité, sous l'administration de M. Varrot, notaire à Moûtiers, qui en était devenu propriétaire. On ne sait ce qu'il advint des Eaux depuis cette époque; les renseignements font complètement défaut; et il faut arriver à l'année 1818, dans le courant de laquelle, les Eaux de Brides, grâce à la débâcle d'une grande masse d'eau qui s'était formée au-dessus de Champagny, furent de nouveau découvertes par cette espèce d'inondation qui amena un léger déplacement dans le lit du torrent et enleva la couche de gravier et de débris schisteux qui couvrait les sources thermales. Le digne Docteur Hybord, émerveillé des effets curatifs de ces Eaux, ouvrit alors une souscription pour entreprendre les premiers travaux, et, avec le concours de quelques personnes dévouées au pays, il prit l'initiative de la formation d'une Société qui se constitua le 20 septembre 1819, au nombre de 46 membres, et au capital de 30,000 francs, formé par 60 actions de 500 francs, capital augmenté plus tard de 4 actions prises par S. M. Victor-Emmanuel, et de 14 souscrites par la Province.

Le 1er juin 1833, en vertu d'un acte de cession concordé alors et rédigé le 20 du même mois, la province de Tarentaise prit possession de l'Etablissement. Avant cette cession des Eaux à la province, il avait été fortement question de savoir où l'on devait construire l'Etablissement; les uns, en minorité, voulaient le transporter dans les prairies situées au-dessous du village, là même où il existe maintenant; les autres opinaient qu'il fallait bâtir sur le lieu même de la source, en creusant, au besoin, un nouveau lit pour le torrent dans le plateau de vignes situé sur la rive droite, projet qui offrait le double avantage d'agrandir convenablement l'espace nécessaire pour la construction d'un bel établissement sur la source même, et de mettre peut-être à découvert d'anciens travaux probablement enfouis sous l'éboûlement qui a formé ce plateau, et de capter une plus grande quantité d'eau minérale. Ce projet, appuyé d'ailleurs par un rapport du chimiste Gioberti, avait été adopté, et les travaux adjugés au sieur Claude Ancenay, sur la mise à prix de 12,000 fr.

Mais une irrégularité commise par l'adjudicataire avant les enchères, fit annuler cette adjudication par le Conseil administratif; en même temps survinrent les évènements de 1821, quatre des administrateurs furent destitués de leurs emplois; alors tout fut abandonné jusqu'au moment où les sociétaires cédèrent leurs droits à la Province, par l'acte précité du 20 juin 1833. Ce fut sous l'administration provinciale que le transport des Eaux dans la plaine fut résolu, et que l'Etablisement actuel fut construit et ouvert au public en 1840 (1). Administré économiquement par la province jusqu'en 1843, il fut alors loué à M. Moret, qui céda bientôt son bail au Docteur Fauchey-Decorvey. Ce dernier administra les Eaux jusqu'en 1847, époque à laquelle il partit débiteur de 2,400 francs à la province qui fut obligée de reprendre l'administration ; depuis, par acte du 28 février 1850, elle a établi le Docteur Laissus, fermier de l'Etablissement pour 29 ans.

Dès lors, l'Etablissement de Brides, grâce aux bonnes relations établies entre le fermier et les médecins des grandes villes, grâce aux diverses publications scientifiques, faites dans l'intérêt des Eaux, a vu, chaque saison, s'accroître progressivement le nombre des baigneurs, et la renommée de ses Eaux s'étendre au loin.

(1) J'ai puisé ces renseignements dans un rapport fait au Conseil divisionnaire en 1851 par M. Avet, Conservateur des hypothèques à Chambéry, lequel s'est toujours beaucoup intéressé à la prospérité des Eaux et du pays.

APERÇU GÉOLOGIQUE.

Avant de jaillir à la surface du sol, les Eaux thermales traversent plusieurs terrains auxquels elles doivent souvent leurs propriétés chimiques (1) ; il n'est donc pas sans intérêt d'examiner la constitution géologique des montagnes de la Tarentaise, avant d'aborder l'étude de ses Eaux minérales. Je suis heureux d'offrir à mes lecteurs le résumé géologique suivant, que je dois à la bienveillance de M. le Chanoine Vallet, savant géologue, dont s'honore la Savoie.

« L'ensemble des terrains qui constituent le sol de la Tarentaise, comprend :

1° Les roches cristallines (granitiques).
2° Les dépôts houillers (anthracifères).
3° Les dépôts triasiques.
4° Les dépôts jurassiques.

1° LES ROCHES CRISTALLINES.

Ces roches forment dans la partie ouest de la Tarentaise, une chaîne d'environ 15 kilomètres de largeur qui vient du Mont-Blanc par la vallée de Beaufort, traverse

(1) Tales sunt aquæ, qualis terra per quam fluunt (*Pline*).

l'Isère entre Conflans et Petit-Cœur, et va se relier au massif granitique de la Bérarde en Dauphiné. A l'est, elles se montrent à la base des hautes montagnes comprises entre Bozel, Thermignon, Tignes et Macôt ; on en voit un affleurement au-dessus du Planey sur la route de Pralognan ; le vallon de la Leysse au sud-est de la Vanoise, et la petite vallée de Pesey sont en grande partie creusés dans leurs assises.

2° Les dépots houillers ou anthracifères.

Le terrain houiller de la Tarentaise se compose de grés micacés, de poudingues siliceux et de schistes argileux dont les feuillets renferment sur quelques points des lits de charbon et de très-belles empreintes végétales. Il existe un gisement très-connu de ces plantes fossiles à Petit-Cœur sur la rive gauche du torrent qui descend de Nâves, et un autre sur la route du col des Encombres, à Saint-Michel. Le dépôt houiller a une très-grande extension dans ce district des Alpes. A l'ouest de Moûtiers, une bande assez étroite de grés à anthracite passe à Nâves, Petit-Cœur, Bellecombe, Doucy et Celliers. Une nappe beaucoup plus étendue occupe la région centrale, elle se montre à Bellentre, Aime, Bozel, Moûtiers, Montagny, Salins, La Perrière, St-Martin, et remonte entre les deux vallées de Pralognan et de Belleville vers les Encombres et Chavières.

3° Les dépots triasiques.

Le trias, d'après les observations les plus récentes, est représenté dans les Alpes : 1° Par des grés blancs ou roses qu'on avait désigné, jusqu'ici, sous le nom de quartzites; 2° par des schistes calcaréo-talqueux ; alternant quelquefois avec des calcaires cipolins ; 3° par des assises de dolomies, de cargneules et de gypses ; 4° par des schistes argilo-ferrugineux rouges, violets ou verts.

Près de la source de Nambrun, au col de Verbuche et de Valorsière, on voit très-bien cette série toute entière, et dans l'ordre normal de superposition. Aux environs de Moûtiers et spécialement dans la vallée de Brides et les petites vallées latérales, ces divers membres de la formation triasique sont également très-développés, mais par suite de violentes dislocations que le sol a éprouvées sur ce point, il n'est pas aussi facile d'en saisir les relations.

4° Les dépots jurassiques.

Immédiatement au-dessus des schistes argilo-ferrugineux (marnes irisées), on observe généralement en Tarentaise et en Maurienne, un calcaire schisteux gris foncé extrêmement coquiller, dans lequel j'ai découv- rt, l'année dernière, les fossiles caractéristique de l'étage infrà-liasien. Les couches de ce dépôt fossilifère n'ont qu'une faible épaisseur ; elles sont toujours recouvertes par de puissantes masses de lias alpin. Les assises inférieures de ce dernier terrain sont ordinairement compactes, les supérieures sont marneuses, friables et de couleur noire, en se délitant, elles donnent, à l'époque des grandes pluies ou de la fonte des neiges, un aspect boueux aux torrents qui les traversent.

Le lias constitue la grande chaîne calcaire qui s'étend de St-Jean-de-Belleville à St-Michel en Maurienne. Dans un énorme bloc détaché de cette montagne, à 2 heures au-dessus de St-Martin, sur la route des Encombres,

M. Sismonda a découvert, il y a quelques années, le célèbre gisement dit de la *Grosse-Pierre*, où il a recueilli plus de cinquante espèces fossiles appartenant à la faune liasique. Dans la partie orientale de la Tarentaise, le lias forme les cimes déchiquetées du massif de la Vanoise. Il est en couches compactes de couleur très-variable, quelquefois cristallines, pouvant fournir des marbres assez beaux. Ceux de Pralognan appartiennent à ce niveau géologique. Je pense qu'il faut également y rapporter les calcaires exploités au détroit du Cieix, la brèche de Villette, ainsi que les puissantes assises de calcaire compacte que l'on observe au-dessus des quartzites et des cargneules vers le col du Cormet et le Chapieu.

Je termine cette courte notice par quelques détails plus circonstanciés sur la vallée de Brides-les-Bains. Quoique le sol de cette partie de la Tarentaise ait subi de profonds bouleversements qui en rendent l'étude difficile, je crois cependant pouvoir établir, ainsi qu'il suit, la coupe des terrains que traverse le Doron entre Salins et Bozel.

Houiller.	1° Grés houiller avec lits de charbon *(près Salins)*.
Trias.	2° Quartzites ou grés bigarrés.
	3° Schistes calcaréo-talqueux.
	4° Gypses et cargneules.
	5° Schistes argileux rouges.
Jurassique.	6° Calcaires infrà-liasiques.

Cette série nous conduit à peu près jusqu'au point culminant de la route de Moûtiers à Brides. Là il existe une faille parallèle à la direction des couches, qui fait reparaître les schistes calcaréo-talqueux (n° 3 de la série) ;

c'est sur ces schistes triasiques que l'Etablissement thermal et tout le village de Brides sont construits. On en voit un, de couleur violacé, à quelques mètres de la source. Ils sont recouverts par les gypses de Montagny et des Allues. Entre Brides et La Perrière, une nouvelle faille transversale, par rapport à la vallée, ramène à la surface du sol les couches du grès houiller que nous avons vues à la base de la série près de Salins. Ces couches sont recouvertes par les quartzites, les schistes calcaréo-talqueux, les gypses, etc.; de sorte qu'on retrouve dans la partie supérieure de la vallée, à partir de La Perrière, la même succession de roches que dans la partie la plus basse entre Salins et Brides.

La direction sud-ouest, nord-est que suivent les strates de ces différentes roches, direction qui est aussi celle des failles ou lignes de dislocation, m'autorise à penser que le canal souterrain de la source minérale n'est pas parallèle, mais sensiblement perpendiculaire à la direction générale de la vallée; je crois donc que les Eaux de cette source descendent du plateau des Allues, ou peut-être de Montagny, en passant sous le lit du Doron. Cette induction me paraît confirmée par la nature des sels qui les minéralisent, dont les éléments se trouvent en abondance dans les dolomies, les gypses et les calcaires du trias. »

M. Backewel, géologue anglais, qui a séjourné dans notre pays et surtout à Brides, pendant quelque temps, en 1820 et 1821, a publié sur la constitution géologique de la Tarentaise, des recherches fort intéressantes qu'il a consignées dans son ouvrage intitulé: *Travels compresing observations mad during a résidence in the Tarentaise and various parts of the grecian and pennine alps and in Switzerland, and Auvergne in the yeards* 1820, 1821, 1822, et imprimé à Londres en 1823 (1). Nous regrettons que les limites de notre travail ne nous permettent pas d'en reproduire quelques passages que, d'ailleurs, le remarquable résumé géologique de M. l'abbé Vallet remplace très-avantageusement.

TOPOGRAPHIE. — CLIMATOLOGIE.

Brides-les-Bains, connu anciennement sous le nom de *La Perrière*, est à cinq kilomètres de Moûtiers, chef-lieu d'arrondissement, département de la Savoie. On y arrive, du côté de la France et de la Suisse, par le chemin de fer Victor-Emmanuel, jusqu'à la station de Chamousset (2), où l'on trouve des voitures pour Moûtiers et pour Brides ; du côté d'Italie, on traverse, d'une part le Mont-Cenis, et d'autre part le Petit-Saint-Bernard qui bientôt possédera, grâce à la munificence impériale, une route magnifique, rivale de celle du Simplon.

Brides-les-Bains est un joli petit village, tout nouvellement éclos au murmure de sa Naïade bienfaisante, et

(1) Nous n'avons pu nous procurer cet ouvrage ; mais nous devons à l'obligeance de M. l'avocat Duplan, la communication des passages les plus intéressants, copiés par lui sur l'original, il y a quelques années.

(2) Par décision ministérielle du 19 février 1863, on a commencé les études pour la continuation de la voie ferrée jusqu'à Albertville. — Brides sera donc très-rapproché du Chemin de fer.

assis coquettement au bas d'une ravissante vallée qui vous charme par la fraicheur de ses prairies, et par l'imposante majesté de ses glaciers qui la dominent. Son élévation au-dessus du niveau de la mer, est de 570 mètres. L'air qu'on y respire est d'une pureté remarquable et sans aucune humidité. La température qu'on pourrait croire extrême, à cause du voisinage des neiges éternelles, est, au contraire, douce et uniforme ; la moyenne thermométrique est, pendant les mois d'été, de 16° à 20° R., dans les années ordinaires.

Les grands phénomènes météorologiques, tels que : ouragans, tonnerres, etc., sont fort rares à Brides, il en est de même des coups de vent qu'on n'observe jamais, probablement à cause de la direction de la vallée qui va de l'est à l'ouest, et qui est garantie contre les vents du nord et du midi par les hautes montagnes des Allues et de Montagny qui lui servent de remparts naturels. Un torrent impétueux, le *Doron*, alimenté par les glaciers de Pralognan et de la Plagne, roule ses eaux écumantes de cascades en cascades, et remplit d'animation le riant paysage qu'on a sous les yeux. C'est sur la rive gauche du Doron que se trouve le pavillon de la source thermale où, tous les matins, se réunissent les baigneurs pour boire l'eau minérale ; à quelques pas de là, est situé l'Etablissement contenant de vastes salons, de nombreux cabinets de bains, de douches, une certaine quantité de jolies chambres destinées à loger les étrangers.

L'administration actuelle a installé dans l'Etablissement même une bonne pension, pour le plus grand agrément des baigneurs ; on trouve, d'ailleurs, dans le village d'autres appartements assez confortables.

La vie qu'on mène à Brides est calme et tranquille : c'est la vie de famille en grand : tous les baigneurs forment entre eux une charmante colonie qui partage les mêmes plaisirs, les mêmes joies. Ici, point d'amusements trop bruyants que fuit la douleur, point de jeux de hasard, point de ces émotions excessives, si fatales dans les maladies ; au contraire les riants tableaux de la nature, les promenades délicieuses, la pureté de l'air, une société choisie, des relations agréables, tout est réuni pour faire de Brides un séjour enchanteur où l'on se sent vivre doucement et sans regret des séductions des grandes cités thermales.

Le climat de Brides réunit les meilleures conditions possibles pour la santé, aussi voit-on, chaque année, la plupart des familles de Moûtiers venir y passer un ou deux mois de villégiature.

L'altitude au-dessus du niveau de la mer est, pour la définition du climat, le phénomène principal d'où découlent tous les autres ; car, avec la hauteur, varient la température et la pression atmosphérique, éléments les plus importants au point de vue médical.

L'élévation de la Tarentaise, pour les lieux habités, varie de 405 (1) mètres (Feissons-sous-Briançon) jusqu'à 1881 mètres (presbytère de Laval-de-Tignes). Le col le plus élevé est celui de Chavière du côté de Pralognan, qui mesure 2822 mètres,

Le Docteur Lombard, de Genève (2), qui a écrit un ouvrage remarquable sur les climats de montagnes, admet deux classes de climats, selon que les localités

(1) M. Miédan, chanoine de Moûtiers. — *Congrès scient. de Grenoble*, p. 470.
(2) *Les climats de montagne au point de vue médical*, 2me édit., Genève 1858.

sont situées *au-dessus* ou *au-dessous* de 2,000 mètres; il appelle les premiers *climats Alpins* ou des hautes Alpes, et les seconds *climats alpestres* ou des régions moyennes et inférieures des Alpes. Cette seconde classe, dans laquelle nous rangeons le climat de la Tarentaise, et spécialement celui de la vallée de Brides, comprend la plupart des localités recherchées par les malades dans un but sanitaire. Nous allons donc, mettant à profit les belles recherches du Docteur Lombard, au livre duquel nous ferons de nombreux emprunts, étudier l'influence des climats alpestres sur le corps humain, en état de santé et de maladie.

Comme nous l'avons dit plus haut, le changement de pression atmosphérique est un élément très-important à considérer. Or, on sait que la pression des couches aériennes est en raison inverse de la hauteur à laquelle on s'élève. Pour se rendre raison de la pression supportée pour chacun de nous, de Saussure et d'autres physiciens ont calculé que la superficie totale du corps humain pouvait être représentée par *quinze à vingt mille centimètres carrés*, en prenant pour exemple un homme de la taille de 1 mètre 73 centimètres, et qu'alors le poids de l'air atmosphérique supporté par cet homme, était de *quinze mille cinq cents à vingt mille six cents kilogrammes*, sous la pression barométrique de 0,760. Ce poids énorme diminue, à mesure que, en quittant le niveau des mers, on s'élève sur les montagnes. Ainsi la pression atmosphérique qui, à Marseille, est représentée par 15,500 kilogr., ne sera que de 14,378 kilogr. dans une localité élevée de 600 mètres, Brides-les-Bains, par exemple, ce qui fait une différence de plus de 1000 kilogr., il ne peut donc être indifférent qu'une personne habituée à vivre au bord de la mer, habite pendant quelque temps à une hauteur de 5 à 600 mètres et plus. En effet, une pression atmosphérique moindre, ne peut manquer d'avoir une grande influence sur les fonctions de nos organes, soit en modifiant l'équilibre entre l'air extérieur et les liquides ou les gaz contenus dans le corps humain, soit en diminuant la densité de l'air.

J'arrive maintenant aux phénomènes physiologiques qui se produisent sous cette influence.

La respiration, devenue plus ample et plus profonde, semble indiquer que la poitrine est soulagée d'un poids considérable. On éprouve en même temps une sensation délicieuse de bien-être qui se traduit par la désignation de *légère*, appliquée à l'atmosphère des montagnes, en opposition à l'épithète de *pesante* ou *d'étouffante* que l'on donne à l'air des plaines environnantes. Cette sensation ne dépend pas d'une proportion plus grande d'oxigène absorbé, car la densité diminuant avec la hauteur, l'air en contient d'autant moins que le lieu d'observation est plus élevé. On peut attribuer en partie cette action bienfaisante au fréquent renouvellement de l'air, et à une température plus basse qui communique du ton et de la vigueur aux organes relâchés par la chaleur accablante des plaines. Quoiqu'il en soit, il y a, dans l'air des hauteurs, comme un principe de vie nouvelle qui vous pénètre intimement, un je ne sais quoi d'indéfinissable, *quid divinum*, qui rend le besoin de respirer plus pressant, augmente l'extension du thorax et permet par conséquent une plus grande introduction d'air atmosphérique dans les cellules pulmonaires (1). C'est peut-être à *l'ozone* qu'il faut attribuer cette action salutaire. La présence de l'ozone, dit M. Figuier, dans l'année scientifique de 1862, est certaine dans l'air des campagnes. C'est un fait acquis que le papier ioduré et amidonné bleuit facilement dans l'air des campagnes au milieu des bois, tandis qu'il ne subit aucun changement dans l'atmosphère des villes. L'ozone, n'étant autre chose que de l'oxygène plus actif, provoque plus aisément les phénomènes d'oxydation au sein des tissus des êtres vivants ; de là, la supériorité, au point de vue hygiénique, de l'atmosphère des campagnes sur celle des villes.

La circulation, qui tient de si près à la respiration, participe au même bien-être ; les mouvements du cœur deviennent plus faciles et plus complets, le pouls est calme et régulier, l'équilibre se rétablit entre la circulation veineuse et artérielle, ce qui contribue puissamment à dissiper les congestions.

S'il est un fait avéré, c'est sans doute l'action tonique et vivifiante de l'air des hauteurs sur les fonctions digestives ; peu de jours suffisent pour amener un appétit plus vif, plus régulier, et une plus grande tolérance de l'estomac pour des aliments qui ne seraient pas digérés dans la plaine.

(1) Dans un Mémoire sur l'*anémie dans ses rapports avec la pression atmosphérique*, présenté récemment à l'Académie impériale de médecine à Paris, le Docteur Jourdanet arrive à ces conclusions que : 1° Le climat des montagnes peu élevées est corroborant, parce que la densité moyenne de l'acide carbonique de la circulation s'y trouve diminuée ; 2° Que les grandes altitudes produisent un effet contraire, parce que la dépression de l'air y porte atteinte à la densité de l'oxygène, en altérant la force qui unissait ce gaz aux globules. (*Journal des connaissances médicales du 20 mars* 1863.)

Il en est de même des diverses sécrétions qui servent d'émonctoire à notre organisme ; l'exhalation cutanée, les sécrétions des diverses glandes, la menstruation augmentent d'activité en raison directe de l'impulsion imprimée à la circulation et à l'assimilation par l'air pur des climats alpestres. Un résultat caractéristique de ce genre de climat, c'est la *force* qu'il communique au système locomoteur ; ainsi une personne qui ne pourrait, dans la plaine, faire quelques pas sans une grande fatigue, pourra, régénérée par l'air vivifiant de nos Alpes, se permettre impunément de longues excursions. La rapidité avec laquelle se réparent les forces musculaires n'est pas chose moins curieuse à noter ; c'est ce qu'a si souvent éprouvé de Saussure : « La seule cessation du mouve-« ment, dit-il, même sans que l'on s'asseye, et dans le « court espace de de trois à quatre minutes, semble « restaurer si parfaitement les forces qu'en se remettant « en marche, on est persuadé qu'on montera tout d'une « haleine, jusqu'à la cime de la montagne. »

Mais c'est surtout le système nerveux qui est profondément impressionné par l'air alpestre. L'excitation cérébrale, l'impressionabilité excessive, qui sont si communes maintenant dans les grandes villes, diminuent et souvent cessent comme par enchantement. Un repos de quelques jours dans un air tonique et excitant, remonte et renforce les organes de l'intelligence, affaiblis par des contentions d'esprit trop prolongés et par un genre de vie trop sédentaire(1). Les insomnies fatigantes font place à un sommeil calme et réparateur sous l'influence duquel

(1) Les maladies des gens de lettre, dit Tissot, ont deux sources principales : les travaux assidus de l'esprit et le continuel repos du corps. *De la santé des gens de lettre*, p. 13.

on ne tarde pas à obtenir des améliorations notables dans la mobilité nerveuse, défaut obligé d'une grande qualité chez les femmes, *une exquise sensibilité* (1).

Si nous résumons l'influence physiologique du climat alpestre (2), nous dirons donc, avec le docteur Lombard, qu'il exerce une action stimulante sur le nerf trisplanchnique, d'où il résulte une hématose plus complète et une assimilation plus active, et qu'il a une double action sur le système nerveux cérébro-spinal : *sédative* pour le cerveau, et *excitante* pour les fonctions dépendantes de la moëlle épinière.

La station minérale de Brides-les-Bains, quoiqu'elle ne soit qu'à 570 mètres au-dessus du niveau de la mer, est déjà pour les habitants des plaines, tels que les Parisiens, les Marseillais, les Genevois et les Lyonnais, un séjour de montagne, où ils trouvent, en été, une chaleur moins étouffante et un air plus vif et plus fréquemment renouvelé que celui qu'ils respirent habituellement. Dans son excellent ouvrage sur Brides (La Perrière), Socquet avait déjà noté cette hauteur du baromètre, afin que, dit-il, les médecins et les malades surtout qui viennent y chercher la guérison, puissent plus justement apprécier les effets avantageux qui doivent résulter, dans la plupart des maladies *invétérées* ou *chroniques*, d'une diminution aussi importante et permanente de la pression atmosphérique sur les organes pulmonaires, et sur toute la périphérie du corps, pendant le séjour à ces eaux. (Essai analytique, médical, *p.* 82).

(1) *Système de la femme*, par Roussel. Introduct. par le Dr Cerise.

(2) Lord Bacon est le premier qui ait recommandé les situations élevées comme plus favorables à la santé. Il s'appuie de l'exemple des oiseaux qui vivent en général longtemps, ce qu'il attribue à la pureté de l'air qu'ils respirent. *Principes d'hygiène de Sir John Sinclair*, p. 77.

Brides, est d'ailleurs le centre de délicieuses excursions qu'on peut faire dans les montagnes voisines, sans trop se fatiguer. Le vallon gracieux des Allues, le petit lac du Praz de St-Bon, les gorges de Champagny avec sa nouvelle route creusée dans le roc et suspendue sur un abîme, le charmant village de Pralognan, assis au milieu de fraiches prairies dominées par l'imposant glacier de la Vanoise, le Mont-Jovet ou *Signal*, d'où une vue magnifique, embrassant une ceinture de glaciers, permet d'admirer le Petit-St-Bernard et le Mont-Blanc, sont autant de localités plus ou moins élevées que l'on peut visiter en un jour (1). C'est en parcourant les montagnes que l'imagination, cette folle du logis, se laisse aller à la vague poésie des songes, le réel s'envole.

Le chagrin monte en croupe et galoppe avec lui.

Des parfums étranges vous pénètrent, et semblent vous infuser une nouvelle vie; la majesté simple et grandiose de tout ce qui vous entoure, vous donne le sentiment de l'Infini; le cours accéléré du sang vous porte à une insouciance enivrée. On est ravi de voir de si près ce qui est si grand, fier de chaque ascension comme d'une conquête, et de contempler du vallon, jusques près du ciel, les pentes énormes où l'on se suit des yeux par avance et que l'on gravira. « Tout conspire à vous

(1) Les mines de plomb argentifère de Pesey et de Macôt, les antiquités romaines que l'on trouve à Aime, la riante vallée de Bourg-St-Maurice, le défilé pittoresque du Val-de-Tignes, le Petit-St-Bernard, le col de la Vanoise, le col des Encombres où se trouve le fameux gisement de la *Grosse-Pierre*, découvert par M. Sismonda, les cols de la Madeleine, du Bonhomme, etc., etc., sont tout autant de choses intéressantes à visiter; mais il faut plusieurs jours pour faire ces excursions magnifiques.

« charmer, dit M. Francis Wey (1) : la secrète animation
« des solitudes, révélée par des bruits inconnus, l'aspect
« des grands troupeaux, trop petits pour l'immensité de
« leurs pâturages, et la chanson des eaux jaillissantes,
« et l'espoir d'un spectacle imprévu au tournant du
« chemin, et ces amas de fleurs épanouies dans une mer
« d'émeraude comme les étoiles dans l'azur ; fleurs qu'on
« aime sans savoir leurs noms !.... »

On voit par là que le séjour des montagnes n'est pas moins favorable aux douces émotions et aux jouissances intellectuelles qu'à la santé du corps.

Les *bains* d'air qu'on y prend à toute heure, sans s'en fatiguer jamais, vous pénètrent continuellement et par tous les pores. L'acte sublime de la respiration d'un côté, et l'absorption cutanée de l'autre, introduisent dans l'organisme des torrents de ce fluide vivifiant dont nous sommes entourés et développent au plus haut degré l'excitation nécessaire à la marche régulière des fonctions vitales allanguies par les habitudes luxueuses et par les émanations délétères des grandes villes. On ne doit donc pas hésiter un instant à venir se retremper quelquefois dans l'air des montagnes, véritable bain de Jouvence, apte à régénérer le sang des races cacochymes, provenant d'unions disproportionnées, des mariages consanguins, et des autres misères qui sont le triste apanage des grands centres de populations (2).

(1) Dick Moon, en France, p. 340.

(2) Si un air pur et constamment renouvelé est nécessaire à ceux qui se portent bien, il l'est bien plus encore aux malades. Aussi y avait-il autrefois à Rome une secte de médecins connus sous le nom de *méthodistes*, qui regardaient cette partie du régime comme l'une des plus essentielles pour la guérison de leurs malades. *Principes d'hygiène de Sir John Sainclair*, Genève 1810, p. 186.

PROPRIÉTÉS CHIMIQUES ET PHYSIQUES.

Dans la brochure intitulée les *Eaux thermales de Brides les-Bains* que je publiai l'an dernier, j'annonçai qu'une nouvelle analyse se préparait à l'Académie impériale de médecine de Paris ; voici donc textuellement le rapport fait à l'Académie par M. Gobley, sur nos Eaux, en juillet 1862 :

M. le Docteur Laissus (1) a adresé à S. M. l'Empereur une pétition dans le but de signaler les améliorations qu'il conviendrait d'apporter à l'Etablissement thermal de Brides (Savoie), dont il a l'exploitation à titre de fermage.

Après avoir consulté le Préfet de la Savoie, M. le Ministre du Commerce a transmis la demande du Docteur Laissus à l'Académie, afin d'avoir son opinion sur la nature de l'eau servant à l'Établissement de Brides. En faisant parvenir les échantillons d'eau minérale, M. le Ministre a envoyé : le certificat de puisement, délivré par le Maire de Brides, la pétition du Docteur Laissus, l'avis du Préfet de la Savoie, enfin le rapport de l'Ingénieur des Mines, et celui de l'Ingénieur en chef de l'arrondissement minéralogique de Chambéry.

Les Eaux de Brides et les bâtiments qui leur sont consacrés, sont la propriété du département de la Savoie ; ils sont loués

(1) Mon père qui est Directeur des Eaux.

pour 29 ans, à partir de 1850, à M. le Docteur Laissus. Un accident de terrain survenu en 1818, mit à découvert cette source thermale, et la Province, propriétaire des Eaux, fit construire un vaste Etablissement pour les utiliser, lequel, après celui d'Aix, est le plus confortable et le mieux aménagé des établissements minéraux de la Savoie.

Les Eaux sourdent par plusieurs fissures des schistes calco-calcareux, et des calcaires qui recouvrent le grand massif du terrain d'anthracite. En venant au jour, elles dégagent des bulles d'acide carbonique et laissent déposer du péroxyde de fer hydraté. Les griffons utilisés sont sur la rive gauche du Doron, à une distance de 10 mètres de ce torrent; le débit est de 300,000 litres par jour, et la température de 34° 5. En 1835, on a construit sur les sources quelques piscines, et on a porté l'Etablissement principal à 200 mètres en aval dans une prairie très-convenable pour cet objet. Le réservoir de captage se trouve au-dessus des sources, et un acqueduc le réunit à l'Etablissement.

Toutes les constructions sont fort bien disposées, et on ne peut vraiment reprocher à l'Etablissement principal que d'être éloigné des sources, ce qui donne lieu à un refroidissement et à une altération de l'eau. Ainsi, dans les réservoirs de distribution, la température de l'eau n'est plus que de 27°; le refroidissement est donc de 7°. De plus cette eau, par suite de la déperdition d'une certaine quantité d'acide carbonique dans les tuyaux qui la renferment, laisse déposer des proportions sensibles de carbonate de chaux et d'oxyde de fer.

On pourrait remédier à une partie de ces inconvénients à l'aide de quelques travaux qui auraient pour but d'empêcher l'accès de l'air dans les tuyaux de conduite. La Commission des Eaux minérales croit devoir appeler sur ce point l'attention de M. le Ministre (1).

(1) Tous les anciens tuyaux de conduite qui étaient usés, ont été remplacés, au mois de juillet 1862, par des tubes Chameroi qui fonctionnent très-bien, de telle manière que la déperdition de l'acide carbonique, du fer, et de la chaleur est maintenant presque nulle. On doit cette prompte et importante réparation au zèle de M. le Sous-Préfet, à l'activité de M. Borrel, architecte de l'arrondissement, et à la haute bienveillance de M. Dieu, Préfet de la Savoie.

L'eau envoyée à l'Académie, lorsqu'on la chauffe, laisse facilement dégager de l'acide carbonique et se trouble par l'évaporation, elle donne un résidu jaunâtre indiquant la présence du fer; ce résidu est cristallin et affecte la forme du sulfate de chaux aiguillé.

L'eau précipite abondamment par le chlorure de baryum, par l'azotate d'argent et l'oxalate d'ammoniaque; elle renferme près de 6 grammes de matières salines par litre. Des matières organiques recueillies dans l'eau de Brides, renfermaient de l'iode et de fortes proportions d'arsenic en combinaison avec le fer.

Le dépôt de l'évaporation de l'eau dans la chaudière a fourni des traces d'arsenic et de phosphates.

L'eau de Brides, soumise à l'analyse, a donné les résultats suivants pour un litre :

Acide carbonique libre	
Acide sulfurique	2,426
— carbonique combiné	0,149
Chaux	0,150
Magnésie	0,237
Soude	1,097
Chlore	0,742
Protoxyde de fer	0,010
Silice	0,042
Iode, arsenic, acide phosphorique	*traces.*

Ces nombres peuvent se représenter ainsi :

Sulfate de chaux	2,350
— de soude	1,031
— de magnésie	0,700
Chlorure de sodium	1,222
Carbonate de chaux	0,325
Carbonate de protoxyde de fer	0,016
Silice	0,042
Iode, arsenic, phosphates	*traces*
	5,686

On voit par ces résultats que l'eau de Brides est très chargée en principes minéraux. Elle présente donc toutes les conditions voulues, pour que l'autorisation d'exploiter soit accordée, et la Commission des Eaux minérales propose de répondre à M. le Ministre, qu'il y a lieu d'accéder à la demande du Docteur Laissus.

Le Secrétaire perpétuel,
DUBOIS.

Pour copie conforme :
Le Secrétaire général de la Préfecture,
NÉEL.

L'analyse de l'Académie ne diffère pas beaucoup des analyses précédentes, elle confirme, la présence de *l'iode* et de *l'arsenic* (1) dans nos Eaux, et signale, en plus, les *phosphates*, principe médicamenteux très-utile dans la médecine des enfants.

L'importante découverte de l'analyse chimique *spectrale* de MM. Kirchhoff et Bunsen (2), au moyen de laquelle ces savants ont reconnu deux nouveaux corps simples, le *cœsium* et le *rubidium* dans l'eau minérale de Dürckheim, permet d'espérer que cette nouvelle méthode d'analyse, d'une délicatesse inouie, appliquée à l'étude de nos Eaux, y ferait également découvrir de nouveaux principes minéralisateurs.

MM. Pétrequin et Socquet considèrent nos Eaux comme *type* des Eaux salines sulfatées calciques-sodiques.

Les Eaux de Brides surgissent au travers d'un schiste quartzeux magnésien très-dur ; elles sont parfaitement limpides, douces au toucher, et leur thermalité s'élève à 30° R., leur densité marque 1° 1/10 Baumè.

(1) Il a quelques années que M. Ch. Calloud, chimiste distingué de Chambéry, a constaté la présence de l'arsenic dans les Eaux de Brides, et surtout dans les boues ferrugineuses où il existe à l'état d'*arséniate de fer* et de *chaux*.

(2) *Revue des deux mondes*, 15 janvier 1862, tome 37

Légèrement aigrelette, d'une saveur un peu styptique, cette eau, reçue dans un verre, dégage une grande quantité de bulles d'acide carbonique, avec un pétillement semblable à celui des eaux gazeuses artificielles ; ce dégagement de gaz dure assez et augmente lorsqu'on remue le récipient qui contient l'eau. Lorsqu'on la laisse quelque temps en repos et au libre contact de l'atmosphère, on voit se former, à sa surface, des pellicules *irrisées* que Socquet a reconnu être formées par du *tritoxyde de fer* sous-carbonaté, uni à du *sous-carbonate calcaire*.

Dans les réservoirs, dans les canaux, sous les griffons destinés à la boisson, on remarque un dépôt ocracé rouge-brun très-prononcé, ainsi que des matières organiques d'un beau vert (1). L'odeur du gaz hydrogène sulfuré est surtout sensible, lorsqu'on entre dans les piscines et dans les cabinets de bains ; la température de 30 degrés et l'exhalation abondante de l'acide carbonique, favorise le dégagement du gaz sulfhydrique, au premier contact libre des eaux avec l'atmosphère.

Dans son ouvrage que j'ai cité plus haut, Backewel, parle de la source thermale, dans ces termes : « *The* « *waters rise with much ebullition, as the quantity of* « *gas they contain is very considerable ; i examined the* « *rock from which the spring, it is a greenish talcous* « *slate, very soapy to the touch, and much contorted.* « *The water issues near the junction of this roock with*

(1) C'est dans ces matières organiques ou *batraco-spermes* que feu M. Calloud père, habile pharmacien d'Annecy, a démontré positivement l'existence de *l'iode* et du *brôme*.

« *limestone. The smell of sulphuretted hydrogen is very*
« *perceptible.* »

L'existence du gaz sulphydrique dans nos Eaux, quoique en petite quantité est donc incontestable; on peut d'ailleurs s'en assurer par la simple expérience suivante : On place dans un verre un écu de cinq francs bien décapé, que l'on soumet au jet d'eau de la fontaine; au bout de quelques minutes, la surface supérieure de l'eau qui reçoit directement le jet d'eau, se brisant contre elle, se recouvre d'une patine noire de sulfure d'argent, tandis que la surface inférieure de l'eau est à peine dorée. Exposée à l'atmosphère des piscines, sans être plongée dans l'eau, une pièce d'argent ne subit pas d'altération sensible. Le gaz sulphydrique existe donc bien réellement combiné intimement avec les eaux; il se dégage surtout, quand il y a division ou *brisement* des molécules aqueuses contre le métal. Si j'insiste un peu sur la présence du gaz sulphydrique dans les Eaux de Brides, c'est d'abord, parce que l'analyse faite à l'Académie et par conséquent loin de la source, n'en fait pas mention, et ensuite parce que je crois ce principe minéralisateur très-utile dans les maladies des voies respiratoires, et surtout très-favorable pour l'installation d'une salle d'inhalation et de pulvérisation de l'Eau minérale, qui manque encore à Brides.

PROPRIÉTÉS MÉDICALES.

Les Eaux de Brides s'administrent en boisson, en bains, en vapeurs, en boues, en douches ascendantes et descendantes ; elles constituent donc une médication puissante et variée qui s'adresse aux organes les plus importants, avantage immense qu'elles ont sur les Eaux minérales qui ne s'emploient qu'à l'*extérieur*, et dont, en général, le plus grand mérite est la chaleur.

Par la *boisson*, l'eau minérale pénètre dans les profondeurs les plus reculées de l'organisation, et la modifient de la manière la plus intime ; c'est d'ailleurs la voie la plus ordinaire et la plus sûre pour l'absorption des médicaments ; c'est donc une bonne fortune pour une eau minérale, que de pouvoir être prise en boisson, car ses effets sont alors plus assurés et surtout plus durables.

L'eau thermale de Brides est *tonique* ou *purgative* selon la dose à laquelle on la boit. Ingérée à la dose de deux à quatre verres, elle stimule l'activité de l'estomac ou des intestins, relève le ton de ces organes, excite l'appétit et régularise en général le travail de la digestion ; c'est surtout à l'élément *ferrugineux*, qui rend au sang sa coloration et sa plasticité, qu'il faut attribuer cette action vivifiante.

Prise à la dose de 4 à 9 verres, et par intervalles rapprochées de 10 à 15 minutes, l'eau thermale de Brides devient *purgative*, et produit habituellement plusieurs évacuations alvines, sans fatiguer le moins du monde les organes digestifs, et sans provoquer de coliques (1). L'appétit; loin d'être diminué, est au contraire augmenté; ce qui permet de continuer longtemps la méthode purgative. Il se déclare, chez quelques personnes un peu de céphalalgie, ce commencement d'ivresse minérale est dû au gaz acide carbonique contenu dans les eaux, et peut-être aussi aux conditions particulières de l'estomac. Des voies digestives, l'influence minérale s'étend immédiatement aux reins et au foie; la sécrétion urinaire est *considérablement* augmentée, et d'autant plus forte, que toutes choses égales d'ailleurs, l'effet laxatif est moindre. La sécrétion du foie devient aussi bien plus active, comme le prouvent les selles *bilieuses* et la sensation de brûlure au rectum produite par l'excès de bile contenue dans les matières excrémentitielles. L'action éminemment purgative de l'Eau de Brides, congestionne momentanément les organes inférieurs de la cavité abdominale (*rectum* et *uterus*), au point de provoquer quelquefois l'apparition des hémorrhoïdes et de faciliter la menstruation; mais ce travail congestif est passager et fait bientôt place à un nouveau bien-être, résultat d'un complet dégorgement.

Employée sous forme de *bains*, l'eau thermale de

(1) Il est inutile et quelquefois très-imprudent de boire les Eaux avec excès. Cette manie d'outrepasser les doses, dit avec raison M. Constantin James, a été de tout temps le défaut des baigneurs.

Brides exerce une impression doucement stimulante sur la surface cutanée et les houppes nerveuses qui viennent y aboutir. Au bout de quelque temps d'immersion, il se détache de la périphérie du corps, une quantité de parcelles épidermiques ; les parties pulpeuses des doigts présentent des espèces de plis longitudinaux, pareils à ceux qu'on observe aux mains qui ont trempé dans de l'eau de lessive ; la peau est rendue plus âpre pour le moment, mais bientôt elle devient très-onctueuse, comme si on l'avait frottée avec de la pâte d'amandes. Cet effet dépend probablement de la saponification passagère qui s'opère au moyen de l'enduit graisseux de la peau, et des sels alcalins de l'eau minérale ; aussitôt que cette couche qui obture les pores est entraînée par l'eau, la peau acquiert une souplesse moëlleuse, qui n'est point l'expression d'un relachement des fibres, mais au contraire d'une plus grande tonicité. Sous l'influence balnéaire, l'absorption des matières salines de l'eau minérale s'établit, et vient ranimer l'action perspiratoire de la peau, en même temps qu'elle en régularise les diverses sécrétions anormales ou perverties.

Mais, outre l'*absorption*, il faut considérer, dans le bain, la *stimulation* cutanée qui est d'autant plus forte que la température est plus élevée ; on variera donc le degré de chaleur du bain, selon que l'on aura besoin d'un effet *sédatif* ou *stimulant*.

En somme, le bain de Brides, comme le dit mon père dans son *Manuel du baigneur* (1), lubréfie la peau et la

(1) Je renvoie le lecteur au *Manuel du baigneur aux Eaux de Brides*, par mon père (2me édition), pour toutes les règles à suivre quand on prend les Eaux. On trouvera dans cet ouvrage de très-bons conseils, résultats d'une pratique longue et éclairée.

fortifie, comme une huile bienfaisante ; il active les sécrétions cutanées, tout en calmant l'irritabilité nerveuse ; et bientôt l'impression salutaire ressentie par la périphérie, se transmet aux organes intérieurs, soit par sympathie, soit par une espèce de pouvoir révulsif. C'est surtout le système ganglionnaire, les organes locomoteurs, et les viscères de l abdomen, qui profitent de cette influence bienfaisante ; en effet, après quelques bains, les membres acquièrent une souplesse particulière, les fonctions digestives s'accomplissent mieux, et un bien-être indéfinissable, se produit et se continue pendant longtemps.

Les bains de *vapeur*, à Brides, comme partout ailleurs, agissent surtout, par l'élément *température*, c'est un moyen énergique et très-puissant dans les affections rhumatismales ; mais il faut en user avec prudence et discrétion.

Les boues *ferrugineuses* formées par les terrains sur lesquels l'eau minérale dépose, devraient être employées beaucoup plus qu'elles ne le sont. M. Charles Calloud, chimiste, de Chambéry, a constaté récemment qu'elles contenaient de l'arsenic d'une manière sensible. Les bains de boues sont partiels ou généraux ; on les donne même sous forme de cataplasmes ; ils ont une action stimulante et résolutive, et sont d'une grande utilité thérapeutique dans certaines maladies des organes locomoteurs.

Les *douches* ordinaires constituent une médication puissante contre une foule d'affections locales ; elles ont une double action, mécanique et dynamique ; par la percussion, elles réveillent la vitalité des organes, leur impriment une nouvelle manière d'être, et produisent des mouvements salutaires dans le foyer même du mal ; d'un autre côté, l'absorption des substances salines, se fait en raison directe de la chaleur et de la force de projection de la douche. On en varie la température selon l'effet désiré.

La douche *ascendante* est *utérine* ou *rectale* ; la douche ascendante *rectale* ou *lavement minéral* est un excellent auxiliaire de la boisson ; elle rend des services signalés dans les maladies du foie, dans les congestions veineuses et les divers engorgements qui ont leur siége dans le bas-ventre.

La douche ascendante *rectale*, en amenant des évacuations, rafraichit les entrailles ; et, de plus, les principes minéralisateurs sont absorbés avec une grande rapidité par les radicules de la veine-porte.

La douche *utérine* ou *injection* s'emploie avec succès pour provoquer ou régulariser les fonctions de la menstruation ; ainsi que pour modifier les sécrétions anormales et les engorgements de l'utérus (1).

On voit donc que les Eaux de Brides s'administrent aussi bien à l'extérieur qu'à l'intérieur ; cependant les moyens les plus usités et les plus efficaces sont : la *boisson*, la *douche ascendante* et les *bains*. La durée d'une cure ordinaire est de 20 à 25 jours ; il est utile quelquefois de faire deux cures séparées par un intervalle de quelques semaines dans la même saison.

Continué pendant quelques jours, l'usage des Eaux de Brides détermine quelquefois certains phénomènes

(1) Il ne manque, à Brides, qu'une salle d'*inhalation* et de *pulvérisation* de l'eau minérale ; l'installation en serait pourtant bien facile, et l'on en retirerait de grands avantages dans les maladies des voies respiratoires.

généraux que l'on a compris sous le nom de *fièvre thermale* ou *excitation minérale*. Elle se caractérise par de l'abattement, de l'inappétence, de l'embarras gastrique; on observe un peu d'agitation dans le pouls, le réveil d'anciennes douleurs, les indices enfin de la plethore; cette réaction organique se termine souvent par l'apparition de petits boutons, exanthème connu sous le nom de *poussée*.

Il ne faut point s'effrayer de ce mouvement critique qui, en général, n'offre rien de grave, et est, au contraire d'un bon augure; car il atteste l'impressionabilité de l'organisme pour l'eau minérale, et prouve que cette dernière a pénétré dans la composition intime des tissus.

En résumant donc ce qui précède, nous dirons que l'eau thermale de Brides est *tonique*, *purgative* et *résolutive* selon le mode d'administration employé; d'où il résulte *trois* méthodes *diverses* de traitement, que l'on suivra séparément ou alternativement selon les indications des maladies.

La *méthode purgative* (1) qui est constituée par la boisson de l'eau minérale à haute dose, doit être employée dans les affections des voies digestives, dans les maladies qui ont besoin d'une forte dérivation sur le tube intestinal, comme les congestions cérébrales, l'état apoplectique, les inflammations chroniques des yeux, les engorgements des viscères abdominaux, etc. C'est, à Brides, la méthode par excellence, avec laquelle, quelle que soit l'indication, on devra généralement commencer le traitement; on suivra

(1) Les Eaux de Brides employées selon la méthode purgative pendant quelque temps, sont *hyposthénisantes*, c'est-à-dire qu'elles agissent à la manière des émissions sanguines, sans toutefois amener l'affaiblissement produit par celles-ci.

ainsi l'ancien précepte médical qui conseillait de tenir le *ventre libre*, avant d'administrer d'autres médicaments.

Une purgation douce et continuée, comme celle produite par l'eau minérale qui nous occupe, n'abat pas les forces et peut *avantageusement* remplacer les émissions sanguines ; en effet, outre l'évacuation des matières alvines, il s'opère en même temps une déplétion des vaisseaux. « Le sang, dit à ce propos, un savant chi-« miste (1), est comme tamisé à travers les membranes « intestinales, qui ne laissent passer que l'eau, les sels, « l'albuminose et les ferments, et retiennent au con-« traire les éléments constitutifs ou organisés, la fibrine, « l'albumine et les globules. En un mot, le sang subit « une véritable concentration, et il perd une partie de « ses éléments alibiles ; de là, augmentation de la vitalité, « excitation des fonctions digestives. La purgation est « donc plus avantageuse que la saignée, car elle ne « prend au sang que les matières que l'alimentation peut « lui rendre si facilement, elle lui laisse les principes « organisés que la saignée lui enlève. » La méthode purgative, surtout répétée pendant quelques jours, comme cela se pratique à Brides, est donc de la plus haute importance thérapeutique ; et je dirai volontiers avec Hufeland, que le canal intestinal est, dans un grand nombre de cas, le champ de bataille où se jugent les maladies les plus graves.

Ce qui caractérise la méthode *tonique*, c'est la boisson de l'eau minérale à *petite* dose, et l'usage de bains peu prolongés et à une basse température,

(1) *Chimie appliquée à la physiologie et à la thérapeutique*, par Mialhe, p. 703.

c'est-à-dire plutôt *frais* que *chauds*. De cette manière, en même temps que l'élément ferrugineux est absorbé par les premières voies, on obtient un mouvement de réaction vers la peau, en vertu duquel se prononce une impression tonifiante ou vivifiante, non seulement sur la périphérie, mais sur toute l'économie; on suivra ce mode d'administration des Eaux dans les cas d'atonie, de relâchement des tissus, dans les affections chlorotiques, toutes les fois, en un mot, qu'il s'agira de remonter l'innervation, et de réveiller des fonctions endormies. L'influence bienfaisante de l'air éminemment *tonique* de Brides, comme nous l'avons vu plus haut, vient s'adjoindre aux effets salutaires de cette méthode et ne peut que les renforcer et les rendre plus durables.

La méthode *résolutive* ou *altérante* se compose de la boisson à dose *modérée*, et de l'emploi des bains et des douches à une température plus *élevée* qu'à l'ordinaire. On a pour but, dans cette méthode, de faire pénétrer dans l'organisme certains principes aptes à fondre des engorgements, et à corriger la viciation des humeurs. Ces principes dans l'eau de Brides, sont le *chlorure de sodium*, le *fer*, le *souffre*, l'*arsenic*, l'*iode*, les *phosphates*, la *soude*, *etc*.

Ces divers principes introduits dans le torrent de la circulation, se mêlent intimement avec les humeurs, les modifient profondément, tantôt en leur cédant un élément qui leur manque, tel que le fer, dans la chloro-anémie, tantôt en provoquant l'élimination et le départ de matériaux pathologiques, comme il arrive dans les engorgements lymphatiques ou scrofuleux. On augmentera la puissance résolutive des bains, en y ajoutant du sel commun, ou mieux encore, quelques litres *d'eaux mères* des salines de Moûtiers (1), comme cela se pratique dans certains établissements minéraux de l'Allemagne. On obtient de beaux résultats de la méthode *altérante* ou *résolutive*, dans les diverses dyscrasie, l'herpétisme, les affections scrofuleuses, rhumatismales, cutanées, dans les maladies dites chirurgicales, etc.

(1) Voyez la fin de ce travail.

INDICATION

DES PRINCIPALES MALADIES

QUI SONT TRAITÉES AVEC SUCCÈS

PAR LES EAUX DE BRIDES-LES-BAINS.

I.

MALADIES DU TUBE DIGESTIF ET DE SES ANNEXES.

État muqueux et saburral des premières voies.

Cette indisposition qui est causée par une sécrétion exagérée du fluide muqueux dans l'estomac, est assez fréquente chez les individus qui mènent une vie sédentaire, et dont la nourriture se compose surtout de bière, de mets gras et farineux ; on l'observe également souvent chez les enfants lymphatiques. Cet état saburral qui se traduit en langage vulgaire par ces mots : *Souffrir de la pituite*, *avoir des glaires sur l'estomac*, présente les signes généraux suivants : la bouche est pâteuse, la face est bouffie, les tissus sont décolorés ; toutes les fonctions sont languissantes ; le bas-ventre est gros et pâteux ; les personnes qui en sont affectées, éprouvent des nausées, des renvois acides, quelquefois des vertiges, l'appétit est variable; on observe généralement un catarrhe bronchique avec oppression et expectoration d'un mucus épais. Cette altération des voies digestives peut durer des années sans diminuer l'embonpoint. On emploie ordinairement, pour la combattre, la méthode évacuante; les Eaux de Brides, à dose purgative sont donc parfaitement indiquées; de plus, un régime tonique et beaucoup d'exercice au grand air, complèteront la cure.

Dyspepsies.

On entend par *dyspepsie*, en général, une altération de la *digestion* qui devient pénible et souvent douloureuse. On observe chez le dyspeptique, de l'inappétence, de la constipation; il y a flatulence et gonflement de l'abdomen, éructations, renvois acides, sensation douloureuse à l'épigastre, etc; le malade est sujet à des lassitudes spontanées, et son esprit est porté à l'hypocondrie. On distingue plusieurs espèces de *dyspepsie*, acide, flatulente, etc., selon le point de départ; c'est-à dire que la dyspepsie est un symptôme commun à une foule de maladies aiguës et chroniques diverses; la dyspepsie est souvent sous la dépendance d'une altération des fonctions de la peau; elle est un épiphénomène assez ordinaire des phlegmasies chroniques de l'estomac, des maladies du foie, et des affections de l'appareil urinaire, surtout chez les vieilards. L'influence des maladies de l'utérus sur le développement de la dyspepsie n'est pas moins remarquable; les troubles intestinaux et notamment la constipation sont en rapport intime avec la dyspepsie qui est d'ailleurs parfois l'expression de la diathèse rhumatismale et herpétique. Ce sont là les principales formes de dyspepsies, dans lesquelles les Eaux de Brides réussissent presque toujours; les qualités *toniques* et *purgatives* dont elles jouissent, régularisent les fonctions de l'estomac, activent l'assimilation, et impriment à tous les organes dont les souffrances amènent la dyspepsie une secousse salutaire. Les bains d'eau minérale, et les bains d'air vivifiant de Brides, sont un excellent auxiliaire de la boisson, en raison de la corrélation intime de la peau avec les fonctions digestives (1). Les longues promenades à pied sont très-utiles dans la dyspepsie, car, comme le dit Chomel, on digère non seulement avec l'estomac, mais encore avec les jambes. Doit-on attribuer au principe arsénieux contenu dans les Eaux, la guérison de la dyspepsie? On est porté à le croire, en lisant un bon travail sur le traitement de la dyspepsie par l'acide arsénieux, publié par le docteur Germain, dans la gazette hebdomadaire de médecine, numéro du 20 juillet 1860. En effet il résulte des observations de ce praticien que l'administration de ce métalloïde guérit plusieurs maladies chroniques de l'estomac, et entr'autres la dyspepsie et la gastrite chronique.

Vertige stomacal.

Le *vertige stomacal* que les anciens auteurs appelaient *vertigo per consensum ventriculi*, doit être rangé dans la classe des dyspepsies. En effet il dépend de certains troubles de l'estomac; ce sont des étourdissements à forme *gyratoire*,

(1) Lorry disait : *Primarium cum cute consensum habet ventriculus.*

c'est-à-dire que, lorsque l'individu est debout, tout tourne autour de lui, il est obligé de fermer les yeux en se tenant immobile, et il tombe quelques fois, mais sans perdre connaissance. Il y a, en même temps, nausée, mal de cœur. Le malade éprouve, à la région de l'estomac, un sentiment de pesanteur, quelquefois des crampes, ainsi que des vomissements glaireux et des éructations acides. Une particularité intéressante à noter, dit le professeur Trousseau (1), c'est que rien de semblable n'arrive en général quand le malade baisse la tête, contrairement à ce qui a lieu, lorsque le vertige dépend d'un état congestif de l'encéphale.

Dans cette forme de dyspepsie, on commencera à prendre les Eaux à dose purgative, puis on les continuera à la dose *tonique*, afin de laisser agir les principes alcalins et les éléments ferrugineux.

Gastro-entérite chronique. — Diarrhée

Les Eaux de Brides, agissent merveilleusement dans la gastro-entérite passée à l'état chronique ; on voit bientôt, sous l'influence de l'eau minérale, cesser les vomissements de matières glaireuses, ainsi que la diarrhée; la digestion se fait mieux et s'accomplit sans douleur ; l'appétit revient, la tension de l'abdomen disparaît ; les couleurs et les forces succèdent au teint anormal et à l'amaigrissement du malade. On emploie, dans ce cas, la méthode *purgative*, qui agit ici d'une manière *substitutive*, c'est-à-dire qu'elle substitue à la phlegmasie existante une

(1) *Clinique médicale de l'Hôtel-Dieu de Paris*, tome II, p. 332, Paris 1862.

autre phlegmasie de nature toute spéciale qui cède d'elle-même beaucoup plus rapidement que la première. La douche ascendante et les bains aideront beaucoup au traitement, par la révulsion puissante qu'ils opèrent sur le rectum et l'enveloppe cutanée.

Il y a plusieurs espèces de *diarrhée* : lorsque la *diarrhée* est l'expression d'une entérite chronique sans fièvre, l'usage des eaux est parfaitement indiqué ; elle cesse bientôt, au bout de quelques jours, et souvent après des symptômes de recrudescence dont il ne faut pas s'alarmer. Il n'en est pas de même, si la diarrhée tient à une *tonicité exagérée* de l'intestin, à une inflammation aiguë de cet organe ; il est prudent de s'abstenir, jusqu'à ce que les accidents inflammatoires soient calmés.

Au contraire, on se trouvera bien de l'usage des Eaux soit en boisson, soit en bains, dans la *diarrhée* liée à la diathèse *herpétique* ; dans la *diarrhée sudorale* qui se manifeste sous l'empire d'une température extérieure plus élevée, en vertu de la loi de *balancement* qui existe entre les fonctions de la peau et des membranes muqueuses ; dans une autre forme de *diarrhée sudorale*, qu'on observe souvent chez les femmes, à l'époque de la ménopause ; et enfin dans la *diarrhée* par *indigestion*.

Affections vermineuses. — Tœnia.

Depuis leur découverte, les Eaux de Brides ont montré leur efficacité remarquable contre les vers intestinaux et surtout contre le *tænia* ou le *botriocéphale*. On peut compter, au moins, plus de 20 cures radicales, obtenues par l'usage de ces Eaux. C'est donc là un moyen simple, sûr, inoffensif de se défaire de ces hôtes incommodes, et bien préférable à ces médications spéciales qui ne sont pas sans retentissement nuisible sur la santé générale.

Plethore abdominale, hémorrhoïdes.

Il existe un groupe de phénomènes morbides que l'on désignait autrefois sous le nom d'obstructions abdominales (infarctus), et qui se manifestent surtout chez les sujets bilieux, hypocondriaques, menant une vie sédentaire, et usant d'une nourriture trop substantielle. La plethore abdominale, ou *vénosité* de *Braünn*, résulte d'un défaut d'équilibre entre les systèmes nerveux, sanguin et lymphatique du bas-ventre (1). Cette irrégularité d'action, produit d'abord de la lenteur dans la digestion, un ralentissement dans la circulation abdominale, avec prédominance de l'appareil *veineux*, des engorgements dans les viscères avec altération de leurs sécrétions respectives; cet état pathologique qui donne souvent naissance aux accidents de la goutte, de la gravelle et des calculs biliaires, est caractérisé par des congestions cérébrales, de mauvaises digestions, des crampes d'estomac, des aigreurs de la constipation, et par des accès de profonde mélancolie. Les hémorrhoïdes sont, pour ainsi dire, le cortége obligé de cette plethore veineuse, que le docteur Baumès, de Lyon, appelle, pour cela, *diathèse hémorrhoïdaire* (2).

(1) *Traité général pratique des Eaux minérales*, par Pétrequin et Socquet, *pages* 324-325.

(2) *Précis théorique et pratique sur les Diathèses*, par C. Baumès, p. 319, Edition 1853.

On obtient, dans cette maladie, les résultats les plus favorables de l'usage des Eaux de Brides; leur action purgative, exerce sur l'intestin une dérivation lente, continue et sans secousse; en activant les sécrétions des muqueuses intestinales et surtout des glandes (foie) qui viennent y aboutir, elles désemplissent les capillaires engorgés, et résolvent les matériaux morbides, déposés dans le parenchyme des organes. Sous l'influence minérale, le *flux hémorrhoïdal* devient quelquefois plus considérable; mais bientôt tout rentre dans l'ordre, et le mouvement congestionnel se dissipe entièrement pour faire place à un grand soulagement produit par la résolution d'anciennes stases veineuses et par la régularisation des fonctions digestives. La douche *ascendante* de concert avec la boisson, rend ici des services signalés; on emploie également avec non moins de succès, les bains généraux et les douches ordinaires sur les viscères engorgés

Engorgement du Foie. — Hépatite chronique. — Calculs biliaires.

C'est ici le grand triomphe des Eaux de Brides; en effet on peut dire, sans exagération, qu'elles sont *spécifiques* dans les maladies du foie, à l'égal des sources les plus renommées, telles que Vichy et Carlsbad. La congestion hépatique, et par suite l'inflammation chronique de cet organe, s'observent souvent chez les individus bilieux qui mènent une vie sédentaire. « Le travail du cabinet y prédispose, surtout lorsque le corps reste continuellement penché en avant; il en est de même de la compression par les corsets ou de toute autre manière (1). »

(1) *Précis des maladies du Foie et du Pancréas*, par M. Fauconneau-Dufresnes, *page* 182.

Il y a augmentation du volume du foie, sentiment de gêne et de pesanteur à l'hypocondre droit, inappétence considérable, constipation ; la digestion devient pénible et douloureuse ; la peau sèche prend une coloration *terreuse* ou *paillée*, il y a œdème des extrémités, etc. On ne commencera l'usage des Eaux, que lorsque tout symptôme, tant soit peu actif aura complètement disparu ; il faut employer ici la méthode *purgative* d'abord, puis la méthode *résolutive* ; on prendra donc les eaux en boisson, bains et douches. La douche *ascendante* ou lavement minéral, constitue une partie importante de traitement ; en effet outre l'évacuation qui remédie à la constipation et opère en même temps un effet révulsif sur la muqueuse rectale, cette douche, a l'avantage précieux de présenter les principes minéralisateurs à l'absorption du système de la veine-porte, et de les mettre ainsi en contact direct avec l'organe engorgé. Les bains généraux et les douches sur la région de l'hypocondre droit, contribuent également à l'effet résolutif commencé par la boisson.

Lorsque la sécrétion biliaire est altérée, il se forme souvent dans le *vésicule* du foie, des concrétions particulières, connues sous le nom de *calculs biliaires*, et formées ordinairement par une matière grasse appelée *cholestérine*. Au moment où ces *cholélithes* s'engagent dans les canaux excréteurs, ils produisent de violents accès de douleurs, les *coliques hépatiques* ; Les Eaux de Brides, pas plus que celles de Vichy, n'ont le pouvoir de dissoudre ces calculs hépatiques ; mais, comme nos Eaux sont éminemment purgatives et qu'elles activent au plus haut degré les sécrétions du foie, et en particulier l'*élimi-*

nation de la bile, comme le prouvent les selles bilieuses, on comprendra facilement leur efficacité dans cette affection. En effet, les Eaux de Brides favorisent et facilitent l'expulsion de ces concrétions, régularisent les fonctions du foie, et en modifiant l'état général des humeurs, peuvent empêcher de nouvelles productions pathologiques analogues.

II.

MALADIES DE L'APPAREIL CÉRÉBRO-SPINAL.

Congestion cérébrale. — Etat apoplectique.

Les Eaux minérales purgatives, ont toujours été préconisées dans les affections congestives du cerveau; elles agissent comme *dérivatives* et comme *hyposthénisantes*. Au bout de quelques jours de traitement, la purgation quotidienne et sans fatigue, qu'amènent les Eaux de Brides, fait disparaître le vertige, les éblouissements, l'embarras de la langue, l'engourdissement des membres, et les autres, symptômes de la congestion cérébrale.

S'il s'agit d'un état *apoplectique*, on n'entreprendra la cure hydro-minérale que quelques semaines après la dernière attaque, et après l'emploi des émissions sanguines. La méthode purgative, sagement employée, comme le dit le docteur Kuhn (1), est de

(1) *Les Eaux de Niederbronn*, p. 169.

toutes les méthodes de traitement usitées aux établissements de bains, celle qui, chez les apoplectiques, donne le plus de succès. Cependant, on pourrait peut-être attribuer une partie des effets salutaires de l'Eau de Brides, dans ces maladies, au principe arsénieux (arséniate de fer et de chaux) qu'elle contient, médicament précieux que l'on vante depuis quelque temps pour combattre la disposition à l'apoplexie et aux congestions cérébrales (1).

Hémiplégies. — Paralysies.

L'usage des Eaux de Brides, constitue une médication puissante dans les paralysies, soit partielles soit totales, qui sont le résultat d'une hémorrhagie cérébrale. Dans son *Manuel du Baigneur*, mon père rapporte plusieurs exemples de guérisons de paralysies, suites d'apoplexie. La vingtième observation publiée par moi, l'an dernier dans une petite brochure sur les Eaux (2), est également un cas de guérison très-remarquable, il s'agissait en effet d'une grave paralysie de la sensibilité et du mouvement. Nous avons pu observer aussi, dans le courant de la saison de 1862, deux hémiplégies parfaitement caractérisées, qui ont cédé merveilleusement à nos Eaux après vingt-cinq jours de traitement. C'est la méthode franchement *purgative* qu'il faut employer en principe dans ces cas là; on peut ensuite prendre des bains et quelques douches à friction, pour réveiller la vitalité dans les

(1) *Traitement des congestions cérébrales ainsi que des dyspepsies par la médication arsénicale*, par le docteur Massart. (Gazette hebdomadaire de médecine du 13 et 20 mars 1863).

(2) *Les Eaux thermales de Brides-les-Bains en* 1860 *et* 1861, par l'auteur,

membres affectés. Voici comment s'exprime, à propos de paralysie, le père Bernard, dans son opuscule imprimé en 1685, dont j'ai parlé plus haut : « Le sieur Jullaney, « curé de St-Jean-de-Belleville, étant aussi immobile « qu'une statue, et ayant même perdu l'usage de la « langue, fût guéry après s'être baigné cinq semaines « durant; il en fût de même du sieur Estienne, chanoine « de Saint Pierre de Tarentaise, etc. p. 9. »

Nos Eaux réussissent également bien dans les paralysies de nature *rhumatismale*, et dans celles qui paraissent reconnaître pour cause une viciation de la circulation veineuse abdominale.

Maladies nerveuses. — Migraine, Surdité.

La bile joue un grand rôle dans la production de certaines maladies nerveuses; cette idée émise par les anciens est trop oubliée aujourd'hui; il faut donc y revenir, si l'on ne veut pas se priver d'immenses ressources thérapeutiques. Les Eaux de Brides sont très-efficaces dans toutes les affections nerveuses, dont le point de départ a été une altération des fonctions de foie. La migraine dépend souvent d'une pareille cause; dans ce cas là, le succès des Eaux est d'autant plus certain, que le sujet a un tempérament bilieux plus prononcé ; on voit alors s'opérer des évacuations bilieuses, épaisses, qui sont comme une espèce de mouvement critique qui emporte la maladie. Il en est de même de la *surdité*; lorsque celle-ci est le résultat d'une congestion cérébrale, d'un état catarrhal local, ou d'une altération des fonctions digestives, on se trouvera très-bien de l'emploi des Eaux ;

tandis que, si la surdité est purement *nerveuse*, le même moyen, sans être contre-indiqué, ne sera que d'une médiocre utilité.

Hypochondrie.

L'hypochondrie que M. le docteur Pidoux appelle le *luxe des maladies chroniques* (1), est une affection nerveuse caractérisée par une préoccupation exagérée du malade, au sujet de sa santé. La plupart des auteurs l'ont considérée comme ayant son siége dans le foie, il y a quelque chose de vrai dans cette opinion ; car l'hypochondrie s'observe surtout chez les personnes d'un tempérament bilieux, et s'accompagne ordinairement de désordres dans les fonctions digestives, tels que la constipation, les hémorrhoïdes, etc.

Cette maladie *noire* qui est si fréquente dans les grandes villes, est signalée par une tristesse insurmontable, et par un profond ennui de la vie; *tædium vitæ*. Rien n'est plus fréquent, dit le docteur Fauconneau-Dufrèsnes, dans l'ouvrage cité plus haut, que de voir cette maladie se développer chez les hommes qui ont eu de grandes occupations et qui tombent tout-à-coup dans l'oisiveté. Dans ces circonstances, ajoute-t-il, la circulation du sang abdominal et la sécrétion biliaire deviennent lentes et difficiles. L'usage des Eaux de Brides est donc parfaitement indiqué ici ; tout en régularisant les fonctions digestives, elle font cesser la stase veineuse, et facilitent la sécrétion de la bile ainsi que son écoulement. Joignons à l'influence salutaire des Eaux, l'influence non moins

(1) Discours prononcé à la Société d'hydrologie de Paris le 10 décembre 1862.

bienfaisante d'un air *tonique* et *vivifiant*, et nous verrons qu'un séjour de quelques semaines à la Station thermale de Brides-les-Bains, réunit les conditions les plus favorables pour la guérison des maladies nerveuses, telles que l'hypocondrie avec atonie digestive, la migraine et l'insomnie, par suite d'une vie trop sédentaire.

Névralgies diverses.

Les névralgies sont parfois sous la dépendance d'un appauvrissement du sang, comme on le remarque fréquemment dans les affections chlorotiques, et dans les troubles fonctionnels de la menstruation, chez les femmes. Les Eaux de Brides, prises à dose *tonique*, agissent dans ce cas par leur principe ferrugineux qui, en rendant au sang sa plasticité, donne du ton et de la vigueur à toute l'économie ; *Sanguis moderator nervorum*.

D'un autre côté les influences atmosphérique, et surtout l'action du froid humide produisent souvent des névralgies qu'on appelle *rhumatismales*, telles que la sciatique, etc. Les Eaux réussissent également dans cette forme de névralgies ; on emploie alors la méthode *purgative* ainsi que le *bain de vapeur*, afin d'opérer une forte révulsion sur les intestins et sur la peau.

III.

MALADIES DE L'APPAREIL CUTANÉ.

« Les maladies cutanées, disent MM. Pétrequin et « Socquet (1), sont en général, celles qui cèdent le mieux « à l'administration de ces Eaux (Brides) : on dirait « même que cette source minérale est un spécifique « prodigieux contre ce genre d'affections. L'efficacité de « ces Eaux n'est pas moins remarquable dans les mala- « dies internes compliquées de répercussion exanthéma- « tique ou dartreuse. » En effet, chaque saison voit s'accomplir de nombreuses guérisons de maladies de la peau. Les dartres sèches et humides, telles que les exanthèmes chroniques, le *pityriasis*, le *psoriasis*, les *diverses* formes d'*acnès*, l'*eczèma*, le *prurigo*, etc., sont heureusement et promptement modifiées par l'usage de nos Eaux. Est-ce à la décomposition du *sulfate* de *chaux* en *sulfure* de *calcium*, qui s'opère au contact du corps humain, soit à l'extérieur (bain), soit à l'intérieur (boisson) que nous devons attribuer la vertu curative des Eaux de Brides? Ce fait établi par M. Fontan, pour les Eaux de Louesche qui ne sont point *sulfureuses*, et qui cependant

(1) *Traité général pratique des Eaux minérales*, p. 367.

sont renommées pour les dermatoses, me paraît devoir être admis pour Brides-les-Bains; de plus, personne n'ignore les bons effets de l'*arsenic* dans certaines affections cutanées, or, la présence de ce métalloïde dans nos Eaux est certaine; on ne doit donc pas oublier sa participation importante dans la guérison.

Les maladies de la peau sont, en général, liées à une altération des fonctions digestives (1); elles sont souvent l'expression d'un état constitutionnel chronique, d'une diathèse, le plus souvent de l'*herpétisme* ou de l'*arthritisme*.

A ces maladies générales *totius substantiæ*, il faut des remèdes *généraux* : les Eaux de Brides ont l'immense avantage de pouvoir être administrées de toute manière, *intùs* et *extrà*; On boit les eaux à dose *purgative*; et il est facile de comprendre leur salutaire influence sur les maladies de la peau, si l'on réfléchit à la corrélation intime de celle-ci avec la muqueuse digestive; les bains, en débarassant l'enveloppe cutanée de ses produits pathologiques (croutes, squammes, boutons, rougeurs), rendent à la peau sa souplesse primitive, facilitent ses sécrétions, et favorisent l'absorption des principes minéralisateurs destinés à renouveller et à restaurer les humeurs.

Plusieurs affections internes sont compliquées de répercussion *exanthématique* ou *dartreuse*; en s'adressant à la cause première de la maladie, l'eau miné-

(1) C'est à cause de la corrélation intime de la peau et de l'estomac, que les Eaux sont très-efficaces contre les *furoncles*, dont elles détruisent le germe diathésique.

rale amènera la guérison ; c'est ainsi qu'on la conseillera avec fruit, comme nous le verrons plus bas, aux femmes qui, au déclin de leur *vie utérine*, éprouvent divers accidents du côté de la peau, tels que des *feux* au visage, la couperose, l'acné, etc. On la prescrira également avec non moins de succès chez les personnes un peu âgées, affectées de dyscrasie veineuse-abdominale, de plethore du système de la veine-porte, et chez lesquelles on voit survenir quelquefois des éruptions cutanées symptomatiques de cet état morbide.

IV.

MALADIES DE L'APPAREIL GÉNITO-URINAIRE.

Maladies de la Vessie.

Nous avons vu plus haut, que les Eaux de Brides augmente *considérablement* la sécrétion urinaire ; cette excitation de l'organe sécréteur de l'urine, qui est un effet presque constant des Eaux, est un moyen puissant de guérison dans plusieurs maladies. En effet on emploie les Eaux avec succès dans les embarras muqueux des voies urinaires, le *catarrhe vésical* chronique, l'engorgement de la prostate, dans la *cystite* chronique, dans l'incontinence d'urine liée à l'atonie de la vessie, affections rebelles et fréquentes chez les vieillards ; sous l'influence minérale, le mucus devient d'abord moins épais, puis disparaît, et la vessie reprend sa contractilité souvent altérée. L'usage des Eaux est également très-avantageux dans la *gravelle;* les eaux étant très *diurétiques*, favorisent l'expulsion des *graviers* qui sont entraînés avec l'urine. C'est au *sulfate double de soude et de chaux*, selon le docteur Socquet, qu'est due cette propriété remarquable des Eaux dans les affections de l'appareil urinaire. « Je ne désespère pas, dit-il, « dans son excellent essai analytique, que les médecins « physiologistes qui étudient avec tant de zèle, l'action « de tous les modificateurs de la puissance vitale, ne « ramènent, après un cercle vicieux de plusieurs siècles, « les praticiens de bonne foi et éclairés à reconnaître « que le sulfate de chaux, et surtout le sulfate double de « chaux et de soude, est un des excitants les plus « efficaces, un des modificateurs assurés des organes « urinaires, les plus révulsifs et les plus prompts, dans « le plus grand nombre des affections des viscères qui « sont passées sous l'influence habituelle d'une phleg-« masie chronique. »

Maladies des femmes.

Troubles de la menstruation. — Chlorose. — Ménopause.

Il est dans la vie de la femme, deux époques critiques, quelquefois très-pénibles à traverser; celle qui précède le développement de la *puberté*, et celle qui accompagne la cessation des fonctions menstruelles.

L'établissement de la *puberté* se fait quelquefois difficilement et est accompagné d'accidents sérieux dont la principale manifestation est la *chlorose*, désignée vulgaigairement sous le nom de *pâles couleurs*. Cette affection si fréquente chez les jeunes filles des grandes villes, a pour cause une diminution des globules rouges dans le sang; elle est caractérisée par une grande pâleur du visage qui offre quelquefois de la bouffissure, par de l'inappétence, de la dyspepsie, des douleurs dans le ventre, de violentes palpitations et de l'essoufflement, etc. Le flux menstruel fait défaut (aménorrhée), ou bien il est insuffisant, irrégulier (dysménorrhée); la malade est triste et languissante. Sans le flux menstruel, dit Roussel, la beauté ne naît point ou s'efface, l'âme tombe dans la langueur, et le corps dans le dépérissement. Nos Eaux salines et ferrugineuses sont très-efficaces dans ces divers accidents; sous leur influence, on voit s'accroître la proportion des globules rouges, l'hématose devenir plus active, la menstruation s'établir, et le chlorose diminuer progressivement; c'est la méthode *tonique* qu'on emploie généralement; on n'usera de la boisson à dose *purgative* que s'il y a des indications spéciales qui la réclament. La riante saison où les Eaux se prennent, l'air vif et pur qu'on respire à Brides, les promenades dans les bois, les excursions de montagnes, le changement de vie, l'imprévu de nouvelles relations sociales, tout cela vient s'ajouter aux effets salutaires d'un remède déjà excellent par lui-même, et rendre la cure plus agréable et surtout plus durable.

L'âge de *retour* appelé aussi *méno-pause*, est souvent signalé par une foule de malaises tels que douleurs dans les reins, bouffées de chaleur et feux au visage, sueurs copieuses, lassitudes spontanées, bourdonnements d'oreilles, éruptions à la peau, insomnie, engourdissement, fourmillements dans les membres, oppression, baillements, pertes utérines, etc., tout autant de signes dus à la plethore, qui existe en général chez la femme qui perd ses droits à la fécondité, par la suppression menstruelle. Le sang n'ayant plus d'émonctoire naturel, se porte alternativement sur les autres organes, et y provoque divers accidents.

Les Eaux de Brides s'emploient ici avec un plein succès; en effet, par leur action *purgative* et en même temps dépurative, elles débarrassent l'organisme des humeurs superflues qui se jetant sur les autres viscères, en enrayent les fonctions; les principes *ferrugineux* tonifient la muqueuse digestive et augmentent l'assimilation; et bientôt un calme parfait succède à l'orage qui menaçait l'existence (1).

L'*aménorrhée* et la *dysménorrhée* qui tiennent à une faiblesse générale et surtout à un sang appauvri, et à l'inertie de l'utérus, réclament également l'usage des Eaux qui amènent la guérison en stimulant les organes générateurs et en fortifiant toute l'économie.

Engorgement chronique de l'utérus. — Métrite chronique. Leucorrhée.

Les engorgements de l'utérus peuvent survenir après une métrite aiguë ou à la suite de couches répétées; les Eaux de Brides ne trouveront une application avantageuse que lorsque la phlegmasie aura disparu, et qu'il ne restera plus que l'élément engorgement. Il en est de même pour la *métrite chronique*; on attendra, pour

(1) Dans son *Manuel du Baigneur*, mon père a écrit un chapitre spécial sur l'influence des Eaux sur les deux époques critiques du sexe, ce qui prouve leur importance thérapeutique dans ces affections.

commencer la cure, la cessation des phénomènes inflammatoires. On prendra les Eaux à dose *purgative* et *tonique* ; les douches ascendantes seront dirigées avec prudence vers l'utérus. On trouve de nombreux exemples de guérison de ces affections dans les notes des docteurs Hybord, Socquet et Laissus père.

Les mêmes considérations doivent guider le praticien quand il s'agit d'appliquer les Eaux de Brides au traitement de la *leucorrhée* ou *flueurs blanches* ; on s'en trouvera bien dans la *leucorrhée passive*, qui afflige tant de femmes lymphatiques, dans les grandes villes. On adoptera la méthode *tonique* en boisson, des bains courts et plutôt frais que chauds, et des *injections* faites dans le bain même et avec l'eau du bain.

Stérilité.

La *stérilité* tient à une multitude de causes dont la plupart sont généralement peu accessibles aux secours de l'art, telles que les déviations utérines et les vices organiques. Cependant il y a des causes de *stérilité* que l'on peut combattre avantageusement au moyen de nos eaux thermales : ce sont, 1° la faiblesse générale, l'inertie du système utérin ; 2° un état catarrhal de l'utérus ou la leucorrhée ; 3° des dispositions précoces à l'embonpoint. Lorsque la stérilité dépendra d'une de ces causes, on pourra espérer un heureux résultat de l'usage des Eaux de Brides que l'on administrera à dose *tonique* ou *purgative* selon l'indication particulière. *Les bains de Brides* dit le Père Bernard dans son opuscule, *sont fort recommandez pour les maladies de la matrice, ils la fortifient et la disposent à concevoir*. On sait que c'est au séjour que firent Louis XIII et Anne d'Autriche, à des Eaux ferrugineuses que les historiens attribuent la cessation de la stérilité de cette princesse qui mit au monde Louis XIV. Les Eaux de Brides, comme on l'a vu, sont *ferrugineuses* et *salines* ; et on pourrait facilement citer un certain nombre de dames qui ont vu se réaliser leurs plus chères espérances, après un séjour prolongé à Brides-les-Bains.

V.

MALADIES DE L'APPAREIL LOCOMOTEUR.

Rhumatismes et Goutte.

Presque toutes les Eaux *thermales* réussissent dans les affections rhumatismales, ce qui prouve que l'élément de la chaleur contribue beaucoup à la guérison. Cependant le rhumatisme est loin d'être toujours une simple affection locale ; c'est souvent l'expression d'une maladie générale, d'une diathèse, l'*arthritisme* qu'il ne suffit plus alors de combattre par les seuls moyens externes comme à Aix-les-Bains, mais qu'il faut attaquer par les *moyens internes*, c'est-à-dire la *boisson* de l'eau minérale qui, en pénètrant ainsi dans les profondeurs de l'organisme, va s'adresser à la cause première du mal, à la viciation des humeurs. Les Eaux thermales de Brides qui s'administrent aussi bien à l'*externe* qu'à l'*interne*, sont très-efficaces dans ce genre d'affection dont elles sont, selon le docteur Hybord, un *vrai spécifique*. La boisson à dose *purgative* ou *altérante*, les bains ordinaires, le bain de vapeur, les douches à friction, seront employés tour-à-tour selon l'indication.

Les Eaux sont conseillées avec avantage comme traitement *préventif* de la *goutte* qui, comme on le sait, est souvent liée à la plethore abdominale, ou à la *diathèse hémorrhoïdaire*. En dissipant les stases sanguines de la veine-porte, les eaux activent l'assimilation, facilitent l'oxydation des matériaux destinés à la nutrition, et peuvent ainsi, jusqu'à un certain point, empêcher ou au moins retarder l'explosion de la maladie.

Les Eaux de Brides, sont contre-indiquées dans la goutte *aiguë* ; au contraire, elles rendent de grands services dans la goutte *chronique*, en agissant alors efficacement sur les divers états pathologiques qu'elle amène, comme les altérations de la digestion, de la sécrétion urinaire et de la perspiration cutanée. « De sorte « que, dit le B. Père Bernard (1), comme la Piscine se « trouvait auprès de la ville de Jérusalem et non ailleurs, « parce que c'était là où l'on conduisait de toutes parts « des malades, de mesme ces eaux (Brides), sont au pied « du grand village des Allues, dont la plus grande partie « des habitants souffrent des paralysies et des gouttes, « pour fournir le remède où le mal est plus pressant, et « afin d'inciter les étrangers à s'y faire porter pour « trouver parmy des malades une santé qu'ils ne peuvent « se procurer parmy ceux d'entr'eux qui se portent le « mieux. »

(1) Brochure citée, *page* 6.

VI.

MALADIES DES ORGANES RESPIRATOIRES ET DU CŒUR.

Bronchite chronique (Catarrhe).

MM. Pétrequin et Socquet, affirment (1) que les Eaux *sulfatées calciques* exercent une notable influence sur les muqueuses gastro-pulmonaires ; elle est des plus remarquables sur l'appareil respiratoire : c'est ici que se dévoile surtout leur spécialité. Cette opinion que les auteurs émettent à propos de l'eau minérale de Weissembourg, est encore plus applicable aux Eaux thermales de Brides-les-Bains, car, celles-ci contiennent la moitié plus de sulfate de chaux que la première, ainsi :

L'eau minérale de Weissembourg contient :				
	1	gram.	048	de sulfate de chaux.
L'eau thermale de Brides,	2	id.	350	id.

Ce sont surtout les *catarrhes chroniques*, datant de quelques mois, qui sont promptement améliorés et bientôt guéris par les Eaux de Brides. Au bout de quelque temps, l'expectoration se modifie heureusement, elle diminue ensuite pour disparaître complètement avec l'oppression

(1) *Traité pratique des Eaux minérales*, p. 354-355.

et les autres symptômes. On remarque quelquefois un mouvement d'*exacerbation* qui dure peu, et qui est rapidement suivi par une grande amélioration, surtout si l'action laxative des Eaux sur les intestins ne se fait pas attendre.

Les Eaux n'ont pas une action marquée dans l'asthme *essentiel*, c'est-à-dire purement nerveux, mais, au contraire on se trouvera bien de leur emploi dans l'asthme *symptomatique* d'un catarrhe pulmonaire, et dans l'*asthme* dépendant d'une maladie *diathésique*, telles que : *dartre*, *rhumatisme*, *goutte*, *hémorrhoïdes*, *gravelle*, affections diverses que l'asthme peut remplacer, et qui réciproquement peuvent remplacer l'asthme; ce sont, dit M. Trousseau (1), des expressions différentes d'une même diathèse. On emploie généralement dans ces cas la méthode *purgative*.

Relativement aux *affections du cœur*, nous dirons que les Eaux sont contre-indiquées, quand il y a maladie organique très-avancée, lorsque, par exemple la disposition à l'hydropisie est prononcée. Elles pourront être utiles, à titre de *moyen palliatif*, dans les congestions pulmonaires et cérébrales dépendant d'une hypertrophie du cœur; on voit souvent alors diminuer et même disparaître pour quelque temps, les accidents tels que la rougeur de la face, la dyspnée, les vertiges, etc., qui sont le cortége obligé de cette affection.

Dans les *palpitations de cœur*, qui tiennent à un état anémique ou chlorotique, sans qu'il y ait de lésions organiques, on pourra prendre les Eaux avec avantage, en usant de la méthode *tonique*.

(1) *Clinique médicale de l'Hôtel-Dieu de Paris*, t. I, p. 535, Paris 1861.

Quoiqu'il en soit, il est bon d'agir avec prudence dans ces maladies; et on fera bien de prendre l'avis du médecin des Eaux, pour la marche du traitement thermal.

VII

MALADIES CHIRURGICALES.

On entend, sous cette dénomination, les suites de fractures, de luxations, de plaies, de caries, d'ulcères qui sont plus spécialement du ressort de la chirurgie. On emploie avec succès les bains, les douches à friction, l'application des *boues* ferrugineuses, toutes les fois qu'il reste de la faiblesse, de la raideur, de la douleur, de l'engorgement chronique dans les membres, les articulations. On boira l'eau minérale à dose *purgative* ou *tonique*, selon qu'il y aura indication d'opérer une révulsion intestinale, ou de reconstituer l'économie. Les Eaux agissent surtout avec une grande efficacité, lorsque les diverses lésions, ulcères, abcès froids, trajets fistuleux, etc., sont l'expression de la diathèse *herpétique* ou *scrofuleuse*.

VIII.

MALADIES GÉNÉRALES DIVERSES.

Fièvres intermittentes

Les Eaux sulfatées *calciques-sodiques* de Brides jouissent de la remarquable propriété de guérir les fièvres intermittentes, ainsi que les engorgements *spléniques* qui accompagnent ou suivent la cachexie *paludéenne*. Chaque saison, on observe plusieurs cas de fièvres intermittentes rebelles à la quinine et aux autres antipériodiques, guérir par l'usage de nos Eaux; elles sont très-efficaces contre l'*anémie* qui résulte des attaques répétées d'hépatites et de dyssenterie qui se manifestent si souvent dans les pays chauds, en Afrique surtout, chez nos soldats que nous voyons alors revenir avec un teint plombé, les jambes enflées, et une profonde détérioration de l'organisme. A quel principe minéralisateur doit-on attribuer cette action fébrifuge des eaux salines sulfatées calciques-sodiques ?

Le docteur Clark dit (1) avoir guéri plusieurs cas de fièvres intermittentes avec la *sélénite* ou *sulfate de chaux* joint à l'aloès ; d'ailleurs, dit-il, c'est un moyen que

(1) *Times and Gazette*, du 11 juin 1859.

depuis longtemps les Hindous emploient avec succès contre ces maladies ; n'est-il donc pas permis de supposer que cette vertu antipériodique de nos Eaux réside dans le *sulfate de chaux* qu'elles contiennent, et dans leur forte action purgative, sans toutefois nier la participation curative de l'arsenic, du fer et du chlorure de sodium dont l'efficacité est reconnue dans ces fièvres souvent si opiniâtres ? C'est là un fait nouveau en thérapeutique très-intéressant à étudier.

Lymphatisme. — Scrofules.

Nos Eaux conviennent dans les affections lymphatico-scrofuleuses accompagnées d'un état d'inertie des voies digestives, d'un embarras muqueux ou vermineux, de complication *dartreuse*, dans tous les cas enfin où il y a indication formelle de dériver sur le tube intestinal ; elles réussissent parfaitement dans les ophtalmies scrofuleuses avec photophobie, si fréquentes chez les enfants, et si difficiles à guérir ; leur action salutaire ne sera que plus assurée, si la scrofule est compliquée de plethore hémorrhoïdale, et de troubles de la menstruation, comme chez les jeunes personnes qui arrivent à l'âge de la puberté.

On accroîtra l'efficacité des Eaux de Brides dans les affections scrofuleuses, si l'on y joint l'usage simultané des bains de Salins (Savoie), ou, mieux encore, l'usage des *Eaux-mères* des Salines de Moûtiers ; et si, à ces puissants moyens thérapeuthiques nous ajoutons encore l'influence bienfaisante de l'air pur et tonique de Brides, nous dirons, sans crainte d'être contredit, que notre pays est *unique* en Europe, pour la guérison de ces tristes maladies qui abâtardissent l'humanité.

Eaux de Brides employées comme MOYEN DIAGNOSTIQUE, et comme CURE PRÉPARATOIRE à d'autres Eaux.

Le docteur Pidoux (1), a dit avec raison qu'une eau minérale pouvait être une pierre de touche très-fidèle pour déceler les dispositions morbides plus ou moins latentes jusques-là chez certains individus. L'eau thermale de Brides peut aider beaucoup au diagnostic des maladies vénériennes anciennes et difficiles à reconnaître, à cause de complications coexistantes; sous son influence, les signes morbides spécifiques, s'accusent avec plus de netteté, et le mauvais génie pathologique est souvent démasqué.

Nos Eaux thermales, comme toutes celles qui jouissent de la même prérogative, ne sont point par elles-mêmes anti-syphilitiques; mais l'*excitation* qu'elles développent dans l'organisme, réveille quelquefois la syphilis qui y était latente, et permet au médecin de combattre avantageusement une maladie ainsi dévoilée. De plus, en pareil cas, l'eau minérale de Brides, est un excellent *dépuratif*, lequel administré en même temps que les remèdes spécifiques, contribuera beaucoup à la guérison.

Dans certaines affections, celles des voies digestives, par exemple, l'eau minérale de Brides, selon qu'elle

(1) *De l'expérimentation des Eaux minérales*, Mémoire lu à la Société d'hydrologie par M. Pidoux. (Union médicale, février et mars 1861.)

sera tolérée ou non, pourra, en quelque sorte, servir de *réactif* de la maladie, et fournir ainsi des indications, dont le médecin peut tirer parti, pour le pronostic, et le traitement à suivre à l'avenir.

L'Eau de Brides est *tonique* ou *purgative*, selon le mode d'administration, comme nous l'avons vu plus haut; elle régularise les fonctions digestives, en activant les sécrétions de l'intestin et dês glandes qui y aboutissent; on peut la considérer comme l'*amie* de l'estomac, que lord Bacon appelait le *Père de la famille*, à cause de son extrême importance dans l'organisation. Aussi, au commencement de toutes les maladies, les Anciens donnaient le précepte de tenir le ventre *libre*, avant de tenter aucun autre médicament; on se débarrassait ainsi, de prime abord, de toute complication du côté des voies digestives. C'est là un bon précepte que l'on oublie trop de nos jours, et qui cependant est appelé à rendre de très-grands services dans la plupart des maladies. C'est à ce titre que nous recommandons l'usage des Eaux de Brides, comme *cure préparatoire* à tout autre traitement thermal, où l'on n'agit que par les moyens externes. Feu le baron Despines, médecin à Aix-les-Bains, disait souvent à mon père: « Nous serions bienheureux à Aix, si nous pouvions avoir un filet de votre eau de Brides. »

En effet, nous avons remarqué souvent, mon père et moi, que plusieurs maladies qui avaient résisté aux eaux d'Aix, et à celles de Salins (Savoie), n'ont pu être guéries que lorsque l'emploi des Eaux de Brides avait précédé celui de ces Eaux d'ailleurs fort salutaires. On lit dans un mémoire du docteur Savoyen: « que les Eaux de Brides

« seront surtout d'une ressource précieuse, quand il « s'agira d'établir une révulsion sur les organes inté- « rieurs, circonstance qui se présentera assez fréquem- « ment, même dans le traitement des maladies, entrepris « à l'Etablissement de Salins. »

Les Eaux de Brides, agissent donc, non seulement pour leur propre compte, mais elles préparent admirablement l'économie à profiter des bénifices d'une seconde cure minérale externe.

Telles sont les principales indications des Eaux thermales de Brides-les-Bains.

D'autre part, ces Eaux sont contre-indiquées dans toutes les maladies accompagnées d'un état fébrile, dans les affections aiguës des voies digestives, dans l'épilepsie essentielle, dans la phtisie pulmonaire très-prononcée, dans les hydropisies actives, dans les altérations organiques et profondes du cœur et des gros vaisseaux, et dans les désorganisations utérines très-avancées.

On voit donc par là combien est belle et bonne la part de propriétés thérapeutiques que les Eaux de Brides ont reçue de la nature : elles sont *purgatives* par excellence, et c'est à ce titre surtout qu'elles méritent de fixer l'attention des médecins et des malades. Semblables aux Eaux de Pullna et de Sedlitz par leur action purgative, elles peuvent remplacer avec avantage les Eaux de Weissembourg (Suisse) dans les affections bronchiques, les Eaux de Carlsbad (Bohême) dans les maladies du foie, celles de Kissingen (Bavière) dans les affections abdominales (venosité de Braunn), et celles de Louesche, dans les maladies de la peau.

De plus, la proximité des Eaux chlorurées de Salins et des Eaux-mères des Salines de Moûtiers donne à nos Thermes une nouvelle et extrême importance; aussi terminerons-nous ce travail, en jettant un coup d'œil rapide sur les ressources immenses de cette triple médication hydro-minérale.

CONSIDÉRATIONS

SUR LES

EAUX THERMALES DE SALINS

ET LES EAUX-MÈRES DES SALINES DE MOUTIERS

COMBINÉES AVEC

LES EAUX DE BRIDES.

A 4 kilomètres de Brides et à 1 kilomètre de Moûtiers, sourdent au pied d'un grand roc calcaire, les Eaux thermales de Salins (Savoie) qu'il ne faut pas confondre avec les Eaux minérales de Salins dans le Jura; car celles-ci sont froides, de 10 à 14 c., tandis que les premières, d'une densité de 2° 1/10 (Baumé), sont douées d'une thermalité de 38° c. Les Eaux de Salins (Savoie), que MM. Pétrequin et Socquet rangent dans les Eaux *mixtes sodiques calciques*, sont de toutes les eaux salées thermales les plus fortement minéralisées en chlorure de sodium, celles qui se rapprochent le plus du degré de salure des Eaux de mer. Elles ont une minéralisation beaucoup plus riche que les eaux si vantées de Balaruc, de Bourbonne-les-Bains, de la Bourboule, etc. En effet, sur 1000 gram. d'eau, elles contiennent 17 gr. 50 d'éléments minéralisateurs composés de sel à base de soude, de chaux, de magnésie, et d'oxyde de fer, et parmi ces éléments, le chlorure de sodium peut y figurer pour 10 gr, 22. (Analyse de Berthier, ancien professeur de l'Ecole impériale des mines de Moûtiers, 1809). En 1839, la présence du *brôme* à l'état de *bromure de potassium* a été constatée dans cette eau par feu M. Reverdy, habile chimiste de notre ville; en 1841, M. Calloud, père, y a découvert l'*iode* à l'état d'*iodure de sodium*. On lit dans le *Giornale delle scienze mediche* de l'Académie de Turin, en août 1858, que feu le Docteur Savoyen a trouvé dans les Eaux de Salins des *sels de cuivre* et de *manganèse*. Enfin, de récentes recherches de M. Ch. Calloud de Chambéry, lui ont révélé dans les mêmes Eaux, la présence d'une notable quantité d'*arséniate de chaux* et *de fer*.

L'importante minéralisation de ces Eaux, ainsi que leur température les rendent très-remarquables, et bien supérieures aux Eaux salées d'Allemagne qui ont besoin d'être chauffées pour le service médical. L'Eau thermale de Salins est une véritable *Eau de mer chaude* dont la position au sein des Alpes de la Savoie n'est pas moins curieuse qu'intéressante. Connue depuis les temps les plus reculés (Centrons et Romains), à cause du sel marin dont on faisait déjà alors l'extraction (1), l'Eau minérale de Salins n'a été employée, pour l'application médicale, qu'en 1840, époque à laquelle le Gouvernement Sarde concéda une de ces deux sources chaudes salées à une société qui y fit construire un petit Etablissement composé de 10 cabinets de bains, d'un salle de douche et d'une piscine.

(1) *Notices historiques sur les anciens Centrons, sur leurs villes, leurs salines, etc.*, par J.-J. Roche, Moûtiers 1819, et *Dictionnaire historique des départements du Mont-Blanc et du Léman*, par Grillet, Chambéry 1807.

Ces Eaux s'administrent surtout à l'*externe*, car elles sont trop *excitantes* pour être prises à l'intérieur ; elles sont contre-indiquées dans les cas d'une grande surexcitabilité nerveuse, de plethore sanguine, et de marasme avancé.

On les conseille avec succès, (docteurs Savoyen et Trésal), dans la cachexie scrofuleuse, le rachitisme non invétéré, la débilité générale des enfants, les ulcères atoniques, abcès, trajets fistuleux, les tumeurs blanches, dans les affections de toute nature du système lymphatique, depuis le simple engorgement, jusqu'aux désordres les plus graves qu'elles peuvent déterminer dans l'économie ; dans toutes les maladies, en un mot, où il s'agit de remonter l'organisme et de le réveiller de sa stupeur.

Ces eaux sont donc des Eaux *toniques* et *reconstituantes ;* elles conviennent *spécialement* aux sujets lymphatiques et d'une constitution molle (scrofule torpide) ; tandis que les personnes plethoriques, disposées aux congestions cérébrales, ou douées d'un tempérament bilioso-nerveux, ne devront en user qu'avec la plus grande circonspection. C'est dans ces circonstances que l'usage préventif ou simultané des Eaux purgatives de Brides, peut rendre les plus grands services, en privant le corps des humeurs en excès, en détruisant l'état plethorique, et en habituant graduellement l'économie, par la douce stimulation de ses bains, à l'action plus excitante des Eaux de Salins (1). La forte excitation que ces Eaux

(1) Les personnes qui ne sont pas malades se plaignent souvent d'irritation, d'insomnie, d'un état fébrile, en un mot, après les bains de Salins ; cela tient autant à la thermalité qu'à l'excitation minérale, on éviterait une partie de ces malaises en prenant ces bains plutôt froids que chauds.

développent à la peau, excitation qui, toutes choses égales d'ailleurs, se fait aux dépens de la vitalité du tube digestif, amène souvent chez les baigneurs, de la *constipation* que l'on combattra encore avantageusement avec les Eaux purgatives de Brides.

Mais ce qui accroîtrait singulièrement l'efficacité des Eaux de Salins, c'est l'adjonction des Eaux-mères provenant des cuves d'évaporation des Salines de Moûtiers.

Ces Salines furent établies au 16me siècle par le Duc Emmanuel-Philibert qui amena les Eaux de Salins à Moûtiers ; elles ont toujours fonctionné depuis lors, et sont maintenant louées à M. Plasson, riche capitaliste de Lyon.

On sait que, lorsque l'eau salée a été déjà suffisamment concentrée, en la faisant filtrer soit à travers des fascines de bois, soit en la faisant couler le long de cordes tendues verticalement, comme cela se pratique à Moûtiers, on a ensuite recours à l'action du feu pour obtenir la cristallisation du chlorhydrate de soude. C'est le résidu liquide, brunâtre et *poisseux* de cette évaporation qui a reçu le nom d'*Eau-mère*. Les Eaux-mères des Salines de Moûtiers marquent 30° de densité à l'aréomètre, et sont riches en *chlorure de magnésium*, *bromure*, *iodure de sodium*, et en matières organiques. Il s'en produit, chaque semaine, plusieurs hectolitres que l'on jette sans les utiliser.

Les *Eaux-mères* constituent, en Allemagne, sous le nom de Mutter-laüge, une médication importante et, en général, peu connue en France. Ainsi nous n'hésitons pas à joindre notre faible voix au vœu formulé par deux éminents médecins, MM. Trousseau et Pidoux de Paris, lorsqu'ils souhaitent qu'en France, le Gouvernement mette les Eaux-mères à la disposition des médecins : il affranchirait ainsi la France d'un tribut qu'elle va payer aux Eaux minérales de Hombourg, de Wiesbaden, de Kreuznach et de Nauheim.

Les Eaux-mères jouissent d'une extrême activité due à la quantité considérable de principes fixes qu'elles renferment, ce qui ne permet pas de les prendre à l'intérieur.

On en fait un grand usage en *bains*, dans les maladies où l'*iode* et le *brôme* sont principalement indiqués, et dans celles où il est utile de stimuler fortement l'appareil cutané.

Ainsi, elles sont souveraines dans les affections *scrofuleuses*, et dans toutes les conditions où le *lymphatisme* prédomine, maladies si fréquentes dans les grandes villes. Qu'il s'agisse simplement de la pâleur de la peau, d'un simple engorgement ganglionnaire ; ou bien que le mal soit plus enraciné et se traduise par des ulcérations, des tumeurs, des fistules, etc., on verra le traitement par les Eaux-mères réussir également, avec la seule différence du temps pour les cas invétérés.

Les enfants faibles, lymphatiques, chez lesquels la digestion languissante rend la nutrition incomplète, les jeunes gens des deux sexes, chez lesquels l'évolution des phénomènes de la puberté est tardive, les femme affectées de chloro-anémie et de troubles de la menstruation, les sujets affaiblis par des travaux excessifs, ou par des excès de toute nature, trouveront dans l'usage des Eaux-mères un puissant remède d'autant plus efficace, que l'emploi simultané des Eaux de Brides, pourra satisfaire à toutes les diverses complications qui pourraient se présenter avant, pendant ou après le traitement par les Eaux de

Salins et les Eaux-mères. Ainsi, quand il y aura exagération du tempérament sanguin avec des indices de plethore, une grande surexcitabilité nerveuse, ou bien une altération dans la sécrétion biliaire, une cure préventive aux Eaux purgatives de Brides, sera nécessaire, et accoutumera l'organisme à une action thermale plus forte.

On se trouvera également bien de l'usage simultané ou successif des Eaux de Brides, de Salins et des *Eaux-mères*, dans les affections lymphatico-scrofuleuses qui sont accompagnées d'un état de paresse ou d'inertie des premières voies, là où il existe un embarras muqueux ou vermineux, une complication dartreuse ou hémorrhoïdale, et partout où il peut être utile d'exercer une action dérivative sur le tube digestif.

Quant au mode d'administration des Eaux-mères, voici la règle générale : comme elles sont douées d'une grande puissance de stimulation, on les mêle aux bains ordinaires. On les mêlera donc aux bains de Brides ou de Salins, selon l'indication particulière de la maladie. On commencera d'abord par ajouter au bain 5 à 6 litres d'eau-mère, et même moins chez les femmes et les enfants, puis on augmente chaque jour, de manière à atteindre 20 litres et même au-delà, selon le degré d'excitation nécessaire à la maladie et l'impressionabilité du sujet.

Après quelques jours de ce traitement, il survient souvent des maux de tête, de l'insomnie, de la fièvre, et une fatigue générale; la soif est vive, l'appétit est nul, des éruptions variées se manifestent; c'est en un mot le signe de la saturation de l'organisme par l'eau minérale; ce mouvement critique est d'un bon augure et annonce souvent le commencement de la guérison.

Si, à tous les bénéfices de cette médication multiple, nous ajoutons l'influence non moins remarquable de l'air *tonique* et *vivifiant* de nos montagnes, comme nous l'avons démontré dans le commencement de ce travail, nous pouvons dire hardiment que notre pays est *unique* en Europe, par la réunion remarquable de puissants éléments aptes à la guérison d'une foule de maladies chroniques.

En effet, il est peu de pays qui offrent cette combinaison, dans la même localité, d'Eaux minérales essentiellement diverses, et qui, loin de se nuire, sont au contraire, destinées à se compléter et à s'entr'aider mutuellement, en convergeant vers le même but : le soulagement de l'homme malade.

Mais ces richesses hydro-minérales, en même temps qu'elles sont un bienfait pour l'humanité, font la prospérité des contrées qui les possèdent et qui les exploitent convenablement. C'est probablement cette considération qui a inspiré à quelques hommes dévoués au pays, le projet de concentrer à Moûtiers ces ressources thérapeutiques, afin d'en tirer le meilleur parti, tant pour la santé que pour les intérêts de tous. Une Société, composée des membres les plus honorables, est sur le point de se former pour créer un Etablissement thermal à *Moûtiers*, dans le but d'exploiter d'une manière *convenable*, les Eaux thermales de Salins et les Eaux-mères des Salines de la ville.

L'Etablissement thermal de Brides, qu'une nouvelle route déjà adjugée, va rapprocher beaucoup de Moûtiers, marcherait également sous la direction de cette Société. On conçoit aisément les avantages de ce projet qui, outre la réunion de ces divers établissements sous la même direction, est de la plus haute importance pour la prospérité de la Tarentaise et surtout de la ville de Moûtiers.

Mais, dit-on, les Eaux de Salins perdent de leurs propriétés, dans le parcours de Salins à Moûtiers; nous allons réfuter cette objection qui n'est pas sérieuse.

En effet, les Eaux de Salins sont amenées actuellement à Moûtiers, dans des canaux en bois vermoulu, ouverts à l'air libre, sur un espace de 700 mètres environ; eh! bien, malgré ces conditions défavorables, l'eau arrive en ville, sans être de beaucoup refroidie, et dans l'intégrité presque complète de ses propriétés chimiques; l'eau minérale perd, il est vrai, une partie de son fer qui étant à l'état de carbonate, se précipite en partie, au contact de l'air; mais cette déperdition qui est d'ailleurs très-faible, comme on peut s'en assurer par les dépôts ferrugineux qui existent à l'*extrémité* de la conduite actuelle vers le dernier bâtiment des Salines, n'a pas une grande importance au point de vue médical; car ce sont surtout les *chlorures*, les *brômures* et les *iodures* alcalins qui constituent la valeur des Eaux (1). Rien n'est plus facile ensuite que de faire disparaître ces légers inconvénients au moyen d'une bonne conduite *hermétiquement* fermée, en tuyaux Chameroi, ou en vases de verre ou de faïence, contenus dans des caisses spéciales, à l'abri de l'air et du froid.

De cette manière, on conserverait à l'eau sa thermalité primitive et sa composition chimique. Arrivées à Moûtiers, les eaux y trouvent un emplacement vaste et commode

(1) On lit dans le *Dictionnaire historique de Grillet*, p. 141, que, avant la révolution de 1793, une partie de l'eau salée de Moûtiers était conduite à Conflans, où l'on fabriquait annuellement 24,000 myriagrammes de sel; ce qui prouve que, malgré la distance de 27 kilomètres qui séparent ces deux localités et les canaux découverts, l'Eau minérale conservait ses propriétés salines.

pour l'installation d'un *grand établissement*, répondant aux exigences et aux goûts du jour, soit dans les constructions actuelles des Salines, soit dans les terrains adjacents dont une partie pourrait être convertie en promenades, jardins et bosquets.

Le voisinage de l'Isère et du Doron permettrait d'utiliser leurs eaux froides pour faire de l'hydrothérapie, comme à Salins dans le Jura.

Le projet de créer un Etablissement thermal à Moûtiers, est donc une idée heureuse à laquelle s'associera certainement le Gouvernement qui y est d'autant plus intéressé qu'il pourrait en faire profiter les soldats malades, comme cela se pratique à Vichy, à Barèges, etc.

On sait que l'Administration de la Guerre a fondé, dans quelques départements où existent des Eaux minérales, des hôpitaux pour les militaires malades et convalescents.

C'est là une pieuse pensée que celle de faire jouir des bénéfices d'un traitement thermal, les braves qui ont versé leur sang sur le champ de bataille, et qui rapportent souvent des contrées lointaines, le germe de longues et douloureuses maladies, telles que plaies par armes à feu, blessures, caries, fièvres intermittentes, paralysies, diarrhées, maladies du foie, etc.

Or, rien n'est plus propre à guérir ces diverses affections, que l'usage combiné des Eaux de Brides et des Eaux de Salins, avec l'addition des Eaux-mères, et l'action salutaire de l'air tonique de nos Alpes. On peut dire, sans contredit, qu'aucun service hospitalier n'existerait en France, dans de meilleures conditions.

En effet, le volume des Eaux de Salins est considérable et permettrait facilement d'établir de vastes piscines, ainsi que des bains à *eau courante*, contrairement à ce qui se passe à Barèges (Hautes Pyrénées), où, vu la petite quantité d'eau dont on dispose, on est obligé d'employer pour la piscine civile comme pour la piscine militaire, l'eau minérale, qui a déjà servi aux bains des baigneurs et aux douches, de manière que, dit M. Constantin James, l'eau qui s'y rend en est à sa *troisième édition*.

Ici, au contraire, tout abonde : eaux minérales, eaux naturelles, air vif et pur ; et l'on possède tous les éléments d'un établissement balnéaire unique dans son genre.

Faisons donc des vœux pour que la haute et féconde protection du Gouvernement de l'Empereur soit acquise à cette œuvre éminemment philantropique, qui sera comme un gage assuré de la prospérité future de la ville de Moûtiers et de la Tarentaise (1).

(1) Une commission municipale de Moûtiers s'est rendue récemment à Paris, pour s'occuper de cette importante question, et solliciter l'appui de l'Administration supérieure. Le Gouvernement Impérial, dont la sollicitude est grande ponr tout ce qui touche aux intérêts publics, a accueilli très-favorablement la demande de la Municipalité, et lui a promis son puissant concours. Ces hautes promesses, jointes à l'extrême bienveillance de M. Dieu, ancien Préfet de la Savoie, lequel, malgré son départ qui a été l'objet d'un regret universel, veut bien, à Paris, ne pas nous oublier, font concevoir les plus belles espérances et présager un heureux résultat.

FIN.

TABLE

DES MATIÈRES.

INDICATION DES PRINCIPALES MALADIES TRAITÉES AVEC SUCCÈS PAR LES EAUX DE BRIDES-LES-BAINS

FIN DE LA TABLE.

157

Itinéraire de Paris à Brides.

Chemin de fer de Lyon, par Macon, Culoz et Chambéry jusqu'à Chamousset....... 16 *heures.*

Voitures de cette Station à Brides........ 6 *heures.*

Itinéraire de Turin à Brides.

Chemin de fer Victor-Emmanuel jusqu'à Chamousset........................ 20 *heures.*

De Lyon, Genève et Grenoble, on vient facilement dans *un jour* à Brides, en prenant le 1er train du matin.

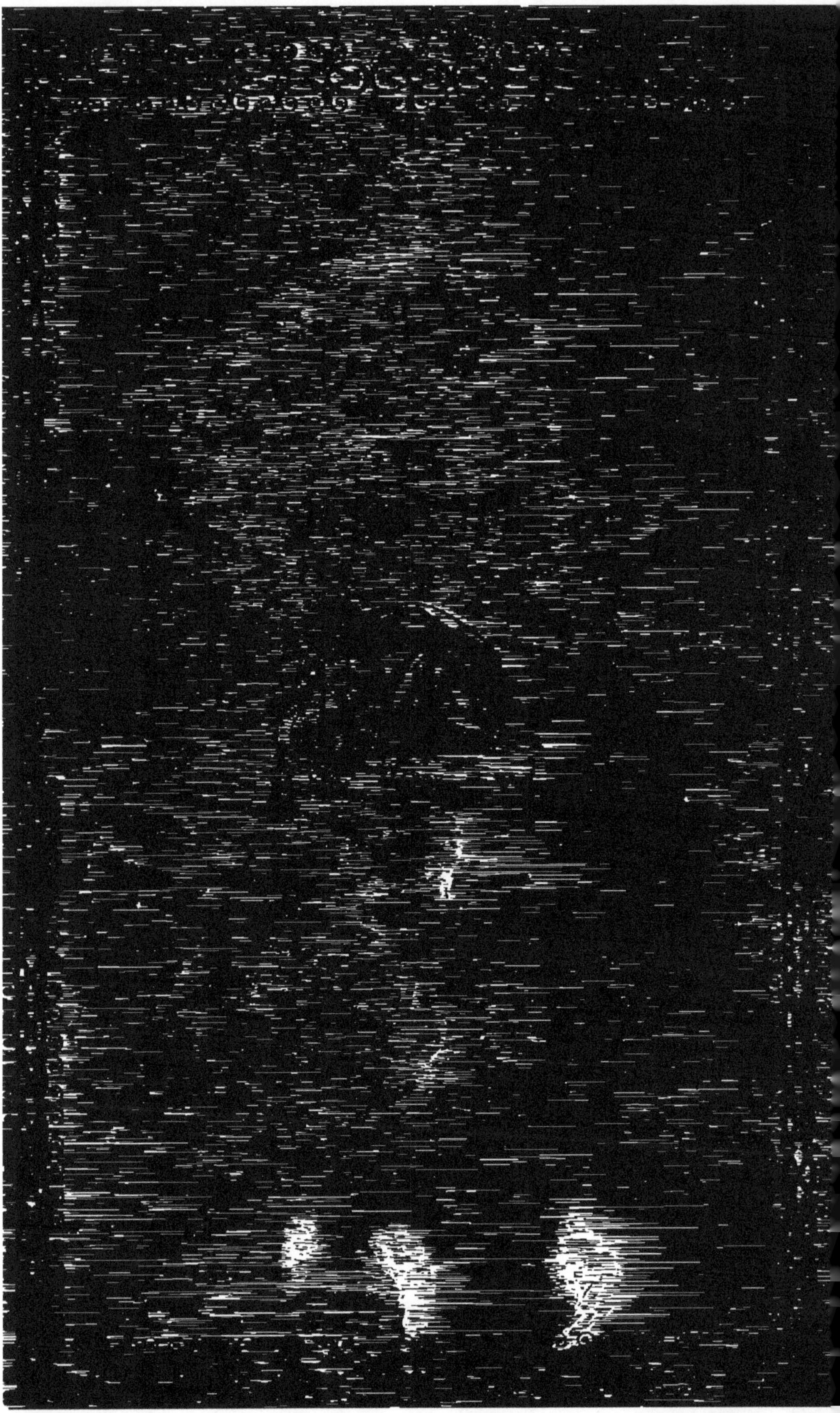

www.ingramcontent.com/pod-product-compliance
Lightning Source LLC
Chambersburg PA
CBHW050626210326
41521CB00008B/1398
* 9 7 8 2 0 1 9 5 7 6 3 0 1 *